山地城市建造丛书
SHANDI CHENGSHI JIANZAO

重庆市教育委员会人文社会科学项目（24SKGH163）
重庆设计集团有限公司科研项目（2023–B1）

重庆山地
步行空间设计
——大学校园系列

CHONGQING SHANDI BUXING KONGJIAN SHEJI
—— DAXUE XIAOYUAN XILIE

段　然　杨冀翼　谢青 / 著

U0281885

重庆大学出版社

图书在版编目(CIP)数据

重庆山地步行空间设计：大学校园系列／段然，杨
冀翼，谢青著. -- 重庆：重庆大学出版社，2024.7
（山地城市建造丛书）
ISBN 978-7-5689-4429-8

Ⅰ. ①重… Ⅱ. ①段… ②杨… ③谢… Ⅲ. ①高等学校—校
园规划—研究—重庆 Ⅳ. ①TU244.3

中国国家版本馆 CIP 数据核字(2024)第 072208 号

重庆山地步行空间设计——大学校园系列

段 然 杨冀翼 谢 青 著

策划编辑:林青山

责任编辑:杨育彪　　版式设计:林青山

责任校对:关德强　　责任印制:赵 晟

*

重庆大学出版社出版发行

出版人:陈晓阳

社址:重庆市沙坪坝区大学城西路 21 号

邮编:401331

电话:(023) 88617190　88617185(中小学)

传真:(023) 88617186　88617166

网址:http://www.cqup.com.cn

邮箱:fxk@ cqup.com.cn(营销中心)

全国新华书店经销

POD:重庆新生代彩印技术有限公司

*

开本:787mm×1092mm　1/16　印张:10.25　字数:257 千

2024 年 7 月第 1 版　2024 年 7 月第 1 次印刷

ISBN 978-7-5689-4429-8　定价:69.00 元

前　言

　　本书由重庆工商大学、重庆市设计院有限公司资助出版。本书基于杨冀翼博士学位论文进行延伸,为步行空间设计系列丛书之一。本书以山地高校校园为切入点,针对山地校园空间中自行车等人力交通工具使用不便,步行在通行方式中占据绝对首要的地位等问题。与此同时,本书还指出山地校园建设套用平原模式,会导致丧失地域特色,降低使用品质,破坏生态环境等问题。本书重点梳理了山地高校校园步行空间的发展历程及步行空间特点,对山地高校老校区、新校区进行区分对比,分析总结了步行空间的形态、可达性、人车关系、环境品质和文化表现等。本书从使用者的步行体验出发,研究了山地高校校园的步行空间设计方法,运用共生性理论搭建重庆山地高校步行空间的研究理论框架,分别从重庆山地高校步行空间整体系统、系统元素和系统意象三方面,讨论了步行空间设计方法的应用,建立了重庆山地高校步行空间系统的共生性设计理论研究体系,并对重庆山地高校步行空间系统设计中所存在的问题提出针对性策略,运用量化分析方法,拓展了对步行空间系统的理解和细化研究策略,为创造更加舒适宜人的山地高校步行空间环境贡献微薄之力。

　　本书的出版工作得到了重庆工商大学、重庆市设计院有限公司领导和教师的大力支持。全书由段然(重庆工商大学)、杨冀翼(重庆市设计院有限公司)参与主持编撰及修订。第 1章至第 3 章部分内容由谢青(重庆工商大学)参与撰写及梳理;第 3 章到第 5 章部分内容由段然参与撰写及梳理。

　　由于编者水平有限,书中难免存在不妥之处,敬请读者批评指正。

编者

2023 年 12 月

前　言

目 录

Contents

1 研究背景

1.1 山地高校校园步行空间发展背景

2010 年,中共中央、国务院颁布实施《国家中长期教育改革和发展规划纲要(2010—2020 年)》,提出"优化区域布局结构,实施中西部高等教育振兴计划"。2011 年,为解决高等教育资源布局不尽合理的现象和中西部地区高等教育落后问题,教育部提出启动"中西部高等教育振兴计划",重点扶持一批有特色有实力的中西部地区本科院校,加强本科教学基本设施的改善和本科教学质量的提高。在此背景下,2019 年 1 月 18 日,重庆市人民政府办公厅印发《重庆市高等教育发展行动计划(2018—2022 年)》,计划在 5 年内通过多种举措,实现高等教育与经济社会发展需求良好匹配,全市高等教育竞争力和综合实力达到全国中等偏上水平,基本建成高等教育强市。截至 2019 年,重庆共有普通本科院校 68 所,在校生人数 78 万人,较 1997 年直辖时的 22 所、22 万人增长了 2 倍多,取得了巨大的发展。重庆普通高校数量变化如图 1.1 所示,重庆普通高校在校学生(含研究生)数量变化如图 1.2 所示。

优质的校园规划设计是高等教育发展的必要前提条件,已成为高等教育的重要组成部分。随着"框架式设计""动态更新""生态校园""人文校园"等众多设计理论的提出,步行空间在校园规划设计中的地位愈发突出。校园步行空间设计不仅是步行通行的途径、校园空间及功能上的骨架,也是影响生态环境、公共交往、信息交流、文化展示的重要因素,对校园各部分、各层级的发展意义深远。多个国家已出台有关校园步行空间设计及管理的相关文件,包括美国的 *STARS* 2.0 和 *LEED* 2009 *for School* 标准,英国的 *BREEAM Education* 2008 标准等;许多高校的总体规划文件也对步行空间的设计提出了直接、明确的指导意见。

作为规模较大的山地城市,重庆大量高校校园呈现出明显不同于平原地区高校的空间特征。由于山地空间中自行车等人力交通工具使用不便,步行在通行方式中占据绝对首要的地位,步行空间对校园的框架性作用更为明显,与其他校园元素间的关系更加紧密且复杂,对校园空间形态的形成与发展起着关键作用。与此同时,针对山地高校校园步行空间的相关设计理论研究还存在数量不多、系统性不足、深度缺乏等问题,对设计实践的指导作用不足,如部分校园建设中不当套用平原模式,从而丧失地域特色,降低使用品质,破坏生态

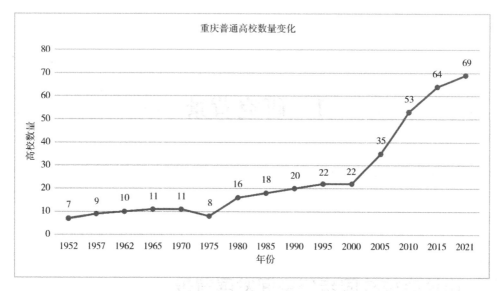

图 1.1　重庆普通高校数量变化

资料来源:根据《重庆市 2019 统计年鉴》绘制

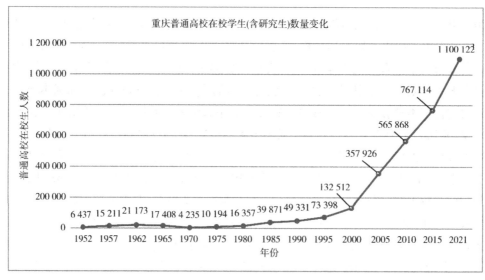

图 1.2　重庆普通高校在校学生（含研究生）数量变化

资料来源:根据《重庆市 2019 统计年鉴》绘制

环境。

共生性是一种源于生物学领域,通过建立不同要素之间和谐的关系实现彼此协调发展的理论。在规划建筑领域,共生性以规划、建筑、景观等空间设计与自然、社会的和谐为目标,涵盖了时间、场所、材料、形式、意识等一切可能存在的物质和非物质要素,在对立与矛盾的状态下,建立一种富有创造性的、相互促进、共存共荣的命运共同体。

将共生性理论运用于重庆山地高校步行空间系统的设计研究,有利于厘清步行空间与山地自然元素、校园文化元素、学生行为元素之间的复杂联系,寻求步行空间与各元素间和谐共融的设计方法,建立适应新时代的山地高校校园步行空间设计理论体系。

本书运用共生性理论的基本思想框架,系统性地建立适合位于特殊环境中的重庆山地高校步行空间研究框架。基于框架的结构,对既有的山地高校步行空间系统设计理论及实践进行归纳,并运用多种相关学科的理论思想及研究方法进行理论深入与拓展。

在共生性研究框架内,系统性适合于重庆山地高校步行空间系统的设计策略,可避免生硬照搬平原地区高校步行空间系统建设模式所带来的不利影响,是适应重庆地区独特的自然人文环境、落实可持续发展观的具体举措。在优化重庆山地高校步行空间系统的功能运行、生态保护,延续和发展重庆地区山地高校特色文化等方面具有极强的现实意义。

本书以重庆山地高校步行空间系统作为研究对象,可作为山地城市步行空间系统的简化与先导性研究。我国山地面积约占全国陆地总面积的69%,山地城镇数量约占全国城镇总数的一半,且多分布于发展较为落后的中西部地区,城市建设任重而道远。包括重庆在内的众多山地城市已意识到步行空间系统是立足于特殊的自然条件下,在可持续性、城市特性塑造等方面的重要地位,不断探索城市步行空间系统的规划设计方法,并取得了一定的社会、生态效益。本书的重庆山地高校步行空间系统共生性设计研究可作为城市步行空间共生性设计研究的一种简化模式,为更大尺度和更加复杂的城市建设提供参考。

1.2　国外山地城市步行空间发展

(1)山地城市步行空间的相关研究

从20世纪中叶起城市步行空间的研究一直是城市研究的热点。简·雅各布斯在《美国大城市的死与生》中提出城市街道对安全和交往的重要性,并提出如何实现街道的复兴。扬·盖尔在《人性化的城市》中,从心理感知和物质环境两方面对步行空间进行设计,并从城市空间、市民生活质量方面进行研究,总结出关于步行环境、距离、路径、连续及效益的设计理念。卡门·哈斯克劳在《文明的街道——交通稳静化指南》中介绍了交通稳静化的方案及技术,评价了欧洲一些国家在该领域的研究经验及相关标准准则。20世纪60年代,美国建筑师兼房地产开发商约翰·波特曼在城市设计项目中,针对汽车交通造成的城市空间亲切性差的问题,提出协调单元、城市编织等理念,以人的可步行尺度为标准,打造满足上班、求学、娱乐、采购、休闲等需求的整体环境。1979年,芦原义信发表了《街道的美学》,讨论当代许多建筑理论和设计方法在街道中的运用,并对东西方街道进行研究,提出以"外部空间设计"为中心的思想。1984年,迈克尔·哈夫出版了《城市与自然过程》,提出对城市自然进程的重视,认为应当检讨城市形态构成的基础,用生态学的视角重新发掘日常生活场所的内在品质和特性。2004年,斯蒂芬·马歇尔(Stephen Marshall)在把握不同类型城市结构的基础上,讨论如何在不损害交通的前提下,营造宜人的城市生存环境,提出以街道为接入点的城市构建改进方案。2005年,迈克尔·索斯沃斯在《设计步行城市》中,提出的城市步行适宜性的评价标准,将其分为连通性、与其他模式的连接、小块土地划分的土地利用、安全、人行道质量、路径环境六个方面。美国Front Seat公司基于Google Map功能数据统计,推出Walk Score网站对美国城市步行空间进行评分,以步行至生活服务功能点的距离作为评分标准,

Walk Score 网站首页如图 1.3 所示。

View neighborhood restaurants, coffee shops, grocery stores, schools, parks, and more.

Get a commute report and see options for getting around by car, bus, bike, and foot.

Learn about the neighborhood, view crime and safety, see what locals are saying, browse photos and places.

图 1.3　Walk Score 网站首页

在专门针对山地城市步行空间的研究方面,苏联建筑师 B. P. 克罗基乌斯在《城市与地形》中探讨了复杂地形对城市选址及形态、建筑与道路设计的影响,并特别提出在规划中基于不同地形坡度合理步行距离的服务半径的影响,并提出根据步行目的、路径坡度的最大允许距离及换算公式。M Michihiko 在 *Pedestrian on the street* 中分析了丹下健三城市设计中轴线与层次结构的作用,及其在山地城市中的运用。

Kenji Kawamura 等人在 *Gait analysis of slope walking: a study on step length, stride*

图 1.4　**Kenji Kawamura** 上下坡步行实验

width, time factors and deviation in the center of pressure 中对 17 名男性进行上下坡的步行实验,对步长、步频、时间因素、压力中心偏差进行测定,得出在坡度为 12% 的路径下,步长和步频的乘积明显降低,其中上坡时步频降低最为显著,下坡时步长降低最为显著,上下坡步行实验如图 1.4 所示。M Meeder 等人在 *The influence of slope on walking activity and the pedestrian modal share* 中利用繁忙陡坡路段步行和乘车人数统计,研究坡度对行人步行行为的影响,结合 logit 模型,得出坡度每增加 1% ,对步行的吸引力降低 10% 。

(2)高校校园步行空间的相关研究

理查德·道贝尔在将近 40 年的研究实践中总结,形成《校园规划》《校园设计》《校园建筑》《校园景观》等著作,从规划、设计、建筑、景观四个方面总结建设经验,为以后的大学校园研究提供了切实可行的研究框架。Jonathan Coulson 等人在 *University Planning and Architecture：The Search for Perfection* 中,按照历史顺序对11世纪至今的高校校园发展概况进行描述,并选取了全球具有代表性的29所高校校园,对其发展及建设思想进行描述,总结了不同时期校园发展受历史影响的规律。

在安全性方面,O Grembek 等人在 *A Comparative Analysis of Pedestrian and Bicyclist Safety Around University Campuses* 中,对加州大学伯克利分校等三个地点进行调研,运用事故数据与空间特征的比较,网上问卷调查寻求行人自行车事故与环境之间的关联,并对可能发生事故的热点地区提出改善建议。R Schneider 等人在 *Method of Improving Pedestrian Safety Proactively with Geographic Information Systems：Example from a College Campus* 中,以大学校园为例,描述了在地理信息系统的帮助下,识别存在或可能存在行人碰撞问题的方法,为大学校园内部人车安全设计及管理提出了研究方法和参考依据。

在公共交往性方面,克莱尔·库柏等人编著的《人性场所——城市开放空间设计导则》中研究了校园中让人驻足的区域,并认为校园户外空间是控制校园形态环境的重要因素,介绍了运用使用状况评价(Post Occupancy Evaluation)进行户外调查的方法,为大学校园户外空间环境的研究提供了参考依据。A W Purwantiasnning 在 *An application of pedestrianization concept as a public space for social need within campus area* 中,从社会学角度,提出校园步行空间作为社会行为的空间载体及其作用,对校园公共交往性的研究提供了方法。M S Yusof, Z Said, A W A Zaki 在 *Green Pedestrian and Cyclist way for Sustainable Campus：Case Study at University Tun Hussein Onn Malaysia* 中,为寻求鼓励师生步行或使用自行车而对步行道绿化及景观美化进行探讨,分析其障碍和潜在需求,通过调研及数据分析对校园步行道路可持续性发展提出建议。N Campbell 在 *Pedestrian Activity of the University of Arizona：How the Built Environment Informs Mental Image and Pedestrian Activity of Campus Districts* 从环境心理学角度出发,研究在亚利桑那大学校园中,环境元素如何影响行人心理图像及探路行为,其认为步行尺度下的建筑、自然元素等对建立品质化的步行空间产生作用。Aünlü 等人在 *An Evaluation of Social Interactive Spaces in a University Building* 中,以伊斯坦布尔技术大学(ITU)内一栋新古典式建筑为对象,运用空间句法软件及对人的行为的观察,研究其室内各空间视域与交往行为发生频率间的关系,得出视域整合度与交往行为发生频率有相关关系。J Vogels 在 *Wayfinding in comples multilevel buildings—A case study of University Utrecht Langeveld building* 中,针对复杂大学建筑室内空间探路行为进行研究,从建筑设计与标识引导两方面进行讨论,其运用空间句法软件(Depthmap)进行视域、空间深度、连接度分析,以现场摄像等方式对行为进行观察,并将所得数据进行比对,得出其相关公式,提出对大楼内部公共空间的改善建议,如图1.5所示。

(3)山地高校校园步行空间的相关研究

肯特·C.布鲁姆、查尔斯·W.摩尔在《身体,记忆与建筑》中,以克里斯基学院为例,表达了将大学作为城镇设计的思想,强调人们活动路线的连续性和趣味性,及使用者对场所的参与。彰国社在其作品集《东京都立大学——新校园的规划与设计》中,探究对丘陵地形和周边环境的尊重,以贯穿校园的步行街成为大学的脊柱配置设施群,让建筑群与丘陵的绿色相融合。OMA事务所在香港珠海学院项目中,将竖向梯道作为建筑设计重要元素。结合地形高差,利用屋顶形成往复梯道的露天活动空间,由各平台可进入平台下的各种区域。

目前计算机分析方法在山地高校步行空间研究中已得到运用,Y M Lee,H W Shin 在 *The Relationship between the Pedestrian Movement Pattern and the Pedestrian Network at a University Campus* 中运用空间句法软件与山地校园人流量调研进行比对,发现仅能用于平面的空间句法计算得出数据与实际所测数据弱相关,但在垂直方向上增加额外的轴线,可提高步行量与集成度的相关性,为三维空间句法程序提供了可能性。

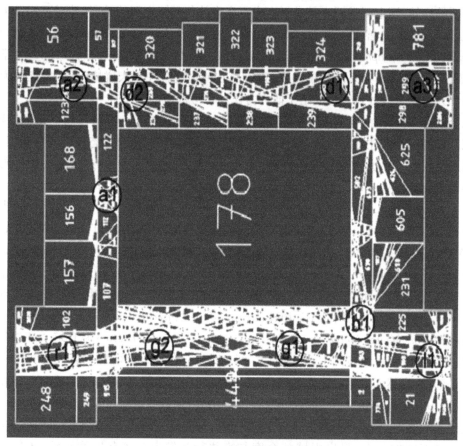

图 1.5　J Vogels 在论文中对建筑的视线分析

1.3　国内山地城市步行空间发展

(1)山地城市步行空间相关研究

国内关于城市步行空间的研究自 20 世纪 80 年代开始,早期主要是对国外理论方法的引入,从局部地区交通连接、城市步行设施具体技术、步行空间环境设计进行研究,缺乏系统化的理论构建。自 21 世纪初开始,理论研究逐渐由步行街向更大城市步行空间范围转移,探讨步行空间网络化和系统化,研究角度也逐渐转为从心理学、社会学、计算机科学等多方面进行探索。城市中心区域仍是研究的重点,其他区域的步行系统的完整建构仍较少得到关注。如王建国在《城市设计》中系统阐述了步行街(区)的功能、分类及设计要点,提出从人的角度分析步行三方面的问题,即步行的功能需要、心理学意义的舒适、物质(体力)的舒适。此外,他还提出妥善处理人车交通,街道景观等问题。段进在《空间句法与城市规划》中对空间句法在城市规划中的运用进行了系统性介绍,特别对其在中国的研究实践进行了总结。

在专门针对山地城市的步行空间方面,黄光宇等人在《山地城市街道意象及景观特色塑造》中提出街道的景观形象对整个城市形象具有更大的影响力,并从道路形态特征意象、视觉特征意象及城市街道景观的三个构成要素,探讨如何构筑具有山地特色的城市空间。雷城、赵万民在《山地城市步行系统规划设计理论与实践——以重庆市主城区为例》中总结了山地步行系统的特点,分析山地城市交通规划中忽视步行系统规划的弊病所在,并从理念发展、理论研究、内涵拓展三方面归纳了现代步行系统规划发展的经验及动向。王纪武在《山地城市步行系统建设的集约观》中提出山地城市的通勤方式呈现典型的步行和机动车二元化特征,建议采用三维步行交通体系,建设多功能架空步行系统,达到人车分流、疏导城市交通的目的。韩列松等人在《山地城市步行系统规划设计——以重庆渝中半岛为例》中,分析重庆渝中半岛特殊的地形条件,确立了无缝对接城市公共交通、串联各类城市"吸引元"、增强步行系统设计指引的策略,以期构建"安全、公平、便捷、连续、舒适、优美"的步行交通系统,引导人们采取绿色健康的出行方式。陈婷在《山地城市绿道系统规划设计研究》中,以对绿道相关理论与实践为基础,提出"山地城市绿道"概念,结合山地城市特有地形、空间及文化特征,归纳其空间类型,分析其尺度结构,探讨系统规划设计策略。李成在《山地城市步行行为特点及系统优化设计研究——以陕西米脂银南新区为例》中以绿色步行交通体系为目标,在研究步行出行速度及道路坡度关系的基础上,运用GIS对步行网络做定量研究,对山地城市步行系统规划与实际线路进行合理性评价。秦华、高骆秋在《基于GIS-网络分析的山地城市公园空间可达性研究》中基于网络分析原理及GIS平台,建立城市道路拓扑网络,以公园入口作为网络节点,得出山地城市公园可达性范围。

(2)高校校园步行空间相关研究

何镜堂在《当代大学校园规划理论与实践》中阐述了对于校园步行空间的重视及设计原则,强调在校园交通体系的规划设计过程中充分考虑人的各种需要,体现对人的尊重,总结出融入文化内涵、塑造公共空间、制造活力、重视断面设计、与其他体系融合等五个方面设计要点。

在公共交往方面,陈泳、许天在《回归步行——苏州技师学院新校区设计》中,主张通过步行活动构建校园空间骨架,并贯穿校园规划、建筑和景观设计过程,塑造特色意象,激发交往活动。王扬、窦建奇、陆超在《高等院校教学楼内走廊交往空间尺度研究》中,对走廊交往空间尺度与使用者的行为做定量研究,得出交往行为与走廊空间尺度的关系。黄骏、林燕在《澳门大学新校区全天候立体步行连廊设计》中,介绍了其如何运用步行系统实现人车分流及全校区全天候无障碍步行环境,阐释立体多层次的步行校园设计理念。姚敏峰在《巨构式教学建筑的认知地图设计》中,通过对巨型建筑内部空间剖析,研究如何以认知地图的方式设计和强化空间意象感,并以华侨大学厦门校区教学办公大楼为例进行剖析。陈帆、邹靖宇在《基于空间句法的大学校园户外交往空间分析——以浙江大学紫金港东校区为例》中,以空间句法为研究工具,选择浙江大学紫金港东校区户外交往空间,挖掘和梳理校园户外交往空间存在的问题,探讨其在空间系统层面的内在机理。刘冀京在《适应协同创新教育理念的建筑系馆交往空间设计策略研究》中运用空间句法软件得出建筑内部视域分布与轴线连接度、整合度分布,并针对不同类型的建筑系馆提出优化策略。

在游憩行为方面,李理在《大学校园环境景观设计中行为心理学应用的研究》中,对各层次、功能校园景观空间人与环境的互动进行分析,提出促进师生交往、具有情感归属的可意象的大学校园设计方法,并以南京林业大学为例进行校园认知地图研究,环境评价及态度研究。王江萍、周舟在《基于缓解压力功能的大学校园景观设计研究》中,针对当前日益严重的大学生心理压力问题,从环境行为学的角度,探讨具有压力缓解和改善健康功能的校园景观设计原则与方法。蒋志杰在《中小尺度游憩地理环境认知与空间行为的交互作用研究——以夫子庙景区和南京大学浦口校区为例》中对南京大学浦口校区进行分析,在行为学框架下,通过 GIS、问卷调研、环境认知编码、草图及言语等方式,研究校园游憩环境认知与活动的交互作用,游憩过程中的定位与探路的交互作用,以及地形认知与这些交互作用的影响。

(3)山地高校校园步行空间相关研究

国内对山地高校校园步行空间的研究较为丰富。在与地形结合方面,陈乐迁在《山地大学校园》中分析了其特殊要求,提出基于地形的空间布置策略,如地势复杂,场地起伏较大,则需综合考虑各单体间的水平和垂直交通,车行人行分离等因素。赵万民在《山地大学校园规划理论与方法》中总结了山地大学校园构成特点,并通过重庆地区大学校园的研究,提出针对单坡、指状、团状、枝状地形的道路系统设计的一般性策略,并强调了梯道在竖向交通中的作用。寿劲秋、马宁在《依山顺势,和谐共生——集约山地校园规划设计探讨》中通过对广州民航职业技术学院新校区规划设计实践,探索在山地空间中如何追求集约化校园设计的路径,认为在山地环境中,追求土地利益的高效使用,人与自然的和谐,生态的平衡和可持续具有重要的意义。黄骏在《重庆三峡学院新校区坡地规划设计实践》中阐述了道路系统顺应地形特征,采用蜿蜒的坡道及部分台阶步级,减少土石方量,并融合滨水及坡地生态景观综合思考再进行设计。

在环境品质方面,胡纹、段永辉在《校园网络——山地校园道路空间研究》中以调查、访问为基础,从道路的作用、结构、道路空间及绿化等方面入手研究山地学校空间环境建设,从学生对环境的认知与空间细节设计进行讨论。胡沈健、李洋在《校园交通环境景观规划设计——以大连理工大学为例》中,对大学校园交通特征做出分析,提出大连理工大学校园交通系统所存在的问题,基于人车分流、可持续性、TDM(交通需求管理)原则对校园道路系统的场地、公共区域、绿化、噪声、水系统等进行了设计理念阐述。曹郁雯在《福州市大学校园慢行系统景观研究》中将校园慢行系统分为人行道、登山道、滨水道、绿地、庭院、广场等类型,提出各类型景观设计手法,并分析校园慢行系统现状,得出优化设计措施。宋远航在《信息·媒介·受众——传播学下山地高校路径空间情趣的表达》中,认为山地高校建设应挖掘表达自身情趣,以路径空间为研究对象,运用传播学原理,通过信息、媒介、受众三要素进行交叉研究,在山地高校路径空间中以多所山地大学为例进行分析,揭示情趣信息在校园中的传播过程。

1.4 山地高校校园规范导则

（1）相关规范及导则研究

21世纪初,全球各大城市广泛出现关于步行空间的规范或导则制定的热潮。如2009年,纽约交通运输管理局(Department of Transportation, DOT)与城市规范设计、施工、环保、经济、管理等多方面组织共同编制了《纽约街道设计手册》(New York Street Design Manual)并随城市发展目标变化不断更新,对规划、设计、管理三个阶段中出现的关键问题提出前瞻性和参考性解决方案,其中大量内容涉及步行通行,包括通用车行道、林荫大道、人行道、社区慢车道、全步行车道等。伦敦交通局(Transport for London)在2004年发布了《伦敦街道设计导则》(Streetscape Guidance: A Guide to Better London Streets),2009年推出修订版,其内容可分为政策与愿景、技术性指引、维护与管理三个部分,对设计职责与流程、选用材料与形式、设计原则与方法、运营维护等进行细化,为改善伦敦城市风貌,促进城市步行通勤,维护伦敦世界一流城市地位发挥重要作用。这些思想也出现在高校校园的规范或导则性文件中。如美国的 LEED 2009 for School 标准从生态保护和学生健康等角度对高校校园步行空间提出指导性意见。英国的 BREEAM Education 2008 主要针对校园建筑,也涉及步行空间场地的运用、交通、健康与舒适等方面。

近年来,我国国家及地方相继出台城市步行空间系统的相关规范或导则。如2018年,中华人民共和国住房和城乡建设部发布的《步行和自行车交通系统规划设计标准(征求意见稿)》《绿道规划设计导则》。2010年,北京公布了《北京城区行人和非机动车交通系统设计导则》,为保障城市可持续发展,倡导绿色出行方式,对北京城区范围内新建及改扩建的城市道路作出指导性意见,为行人和非机动车创造良好交通环境。上海市规划和国土资源管理局、上海市交通委员会、上海市城市规划设计研究院于2016年编制《上海市街道设计导则》,从道路红线管控向街道空间管控转变,关注人的交往需求和生活体验,复兴街道生活,提升空间品质,促进城市发展转型。重庆市规划局于2014年编制《重庆市山地步行和自行车交通规划设计导则》,从步行网络规划与控制、交通空间要素设计、景观环境要素设计三方面提出了适合于重庆特殊山地城市特征的步行和自行车系统交通规划原则。2018年,重庆市市政设计研究院、重庆市设计院、林同棪国际工程咨询有限公司等联合编著了《重庆市山城步道设计导则》,阐明了山城步道的功能与分类,提出了选线、通道、节点等多方面的设计原则。目前,由重庆市住房和城乡建设委员会组织编制的《滨江步道技术标准》《山林步道技术标准》《街巷步道技术标准》已经实施。但专门针对高校校园步行空间的规范及导则还较为缺乏。

（2）工程实践研究

城市步道作为缓解交通拥堵、减少空气污染、促进城市繁荣的有效手段,在西方城市中得到大量运用。波士顿翡翠项链公园是全球较早的、以公园形式构成的城市步道系统。公园兴建于19世纪末，由首尾相接的9个部分组成，全长约16 km。20世纪80年代，巴黎利用市区东南部的废弃高架铁路，改造为勒杜蒙绿色长廊（Coulée verte René-Dumont）。2006年，仿效该方式修建的纽约高线公园开始动工，直到2014年最后一段才落成开放。高线公园在曼哈顿西区哈德逊滨水区域，形成一条长约2.4 km，高约9.1 m的高架步行通道。

中国香港自20世纪70年代起，依据自身拥挤密集的城市空间特点，采取向空中竖向发展的策略，通过联系各建筑单体，形成脱离地面街道的独立城市步道体系。上海在滨江沿线、社区等不同尺度及功能的城市区域中，进行了大量步行空间的新建或改造，成为城市新的文化符号和生活空间。自21世纪初，重庆开始了山城步道工程，其中由重庆市设计院等设计的《渝中区步行系统专项规划》包括"一带、六横、十六纵"步道，总计114.43 km，目前部分已建成开放，吸引大量市民及游客前来休闲观光。出于工程量、复杂性等方面原因，重庆山地高校步行空间系统设计通常都包含在校园总体规划、校园景观设计当中，很少作为独立的工程进行设计、实施。

2 重庆山地大学校园步行空间系统的发展与现状

2.1 发展沿革研究

2.1.1 传统书院的兴盛与地形的适应

（1）传统书院的兴盛与终结

重庆地处长江上游咽喉，可由水路向西、向北连通四川盆地富庶城邑，向东直抵江汉、江南地区。晚唐之后，四川地区的发展重心逐渐转向以重庆为中心的川东地区发展。在宋元明清四个朝代中，书院跟随地区发展几经起伏。

书院兴起于魏晋时期，在10世纪中叶到20世纪初广泛流行，是在官学系统外、传统私学发展基础之上，由社会集资创建的较高层次的教育机构，对我国高等教育的影响最为深远。唐朝文献中有大量关于书院的记载，多选址于山林胜地、佛教寺院。在宋朝，书院发展达到顶峰，出现了岳麓书院、嵩阳书院、应天府书院、白鹿洞书院等著名书院。这一时期，在积极的对外贸易、巴蜀地区优厚的少数民族政策等因素影响下，重庆地区社会发展与中原相差无几。在繁荣的经济基础及和谐氛围中，书院得以蓬勃发展。据史料记载，重庆最早的教育机构是在北宋治平元年（1064年），由江津知县郑谞创立的乡学。至宋朝后期，已出现以濂溪书院、北岩书院为代表的共14所书院，约占四川31所书院的一半。部分书院发展为关洛学派、程朱学派理学正宗的中介或媒体，使重庆成为宋代理学流派分布的典型区域之一和长江上游区域的文化中心，推动了川东地区文化学术的发展。

宋末元初，战争频发和社会动荡使重庆地区的书院遭到毁灭性的破坏，并出于政策压制、行政区划等原因，在元代全国书院整体数量增加的情况下，重庆地区书院呈明显衰落之势，从宋代的14所降为仅2所，社会影响更远不及宋代，被列入四川的知名书院行列的仅北岩书院一所。

明代重庆书院发展整体上升，数量、规模、制度上较宋朝有所发展，共建立了凤山、平山、白云、少陵等23所，沿长江流域的区县均有分布，突破了宋元时期9县的范围。随着新兴工商业者力量的壮大,书院由山林向城市转移。合宗书院(濂溪书院)、夔龙书院、少陵书院、来凤书院等在社会迈向更高阶段的时期,毫不犹豫地走出山林,选择地方政治或商贸中心安家落户,徐图振兴。

自18世纪中叶开始,清政府将书院作为教化民众、服务统治的有效工具,开放了初期对建立书院的禁令。在官民力量的携手努力下,重庆书院在数量和规模上都达到鼎盛,在近三百年间,共新建书院147所,重建书院5所,接近全国书院建立最多的浙江省(395所)的一半,与福建省几乎等同。书院虽遍布各区县,但分布极为不均,数量最多的巴县有19所,最少的垫江仅为1所。官学继明代以后稳固成为重要力量,多集中于府治、州治等发达地区,私办书院多位于乡场,与官学形成互补。许多书院影响力已突破县、州,如东川书院、棠香书院等。

19世纪末,西方列强的侵入使社会发生了巨大变化,书院教育制度的弊端凸显,书院不再是区域社会培养人才的优秀组织和文化传承的重要机构,失去了全民敬仰的神圣地位,变成了落后、腐朽、封建的文化教育领域代表,普遍面临重大改革的问题。

(2)礼制形态与地形适应

书院的基本功能是讲学、祭祀、藏书、生活、游憩、学田,以前三者为主,后三者为辅。空间形态讲求"通天地人之谓才","士子足不出户庭,而山高水清,举目与会,含纳万象,游心千仞,灵淑之气,必有所钟"。书院各功能区域或以讲堂、祭堂、书楼、斋舍等建筑为核心,或以院落作为空间节点。书院步行空间结合"寻偶对称,择中守中"的原则,与尊卑有序、等级分明的儒家文化统一,通过轴线串联各个院落,产生仪式感。讲堂作为书院中最具公共性的场所,一般位于中轴线上,讲堂前的庭院常是书院最开敞的地方,作为讲堂功能的延伸。祭祀占书院生活很大部分,主要在室外院落进行,通常位于讲堂前后,或在主轴线西侧另起轴线形成侧院、院庙并列的方式。藏书阁作为古代稀缺的书籍存放之处,一般位于中轴线收尾处,建筑群的制高点,表达对"先圣先儒先贤"德业的崇敬。斋舍不仅是士子生活起居场所,也是读书自修的地方,一般位于院落两厢或另起一轴线自成一体。此外,书院讲求利用环境来陶冶性情,"借山光以悦人性,假湖水以静心情"。

与平原地区书院主要由墙垣、建筑等人工构筑构成的规整的步行空间不同,山地中的书院受到强烈限制,表现出以适应地形为主,兼顾礼制轴线,充分融于自然山水的特征。书院多选择相对平坦的场地,串联院落式布局,将中轴方向与等高线垂直形成爬升的台地,营造严肃整齐的氛围,如岳麓书院御书楼剖面,如图2.1所示。当不能完全满足礼制要求时,则部分或全部依据山形地势自由布局,朝向各异,往往通过连廊联系,使整个书院散而不乱,如弋阳县叠山书院总平面图,如图2.2所示。书院周边路径因循地形起伏,结合人造构筑物形成景观节点,供师生同游共商,交流思想,陶冶心智,探讨学术,岳麓总图如图2.3所示。

北岩书院位于长江北岸的北山坪南麓,是南宋时期程颐点注《易经》,并至1099年完成重要理学代表著作《伊川易传》之地。书院步行空间受地形限制极大,几乎没有因循传统的轴线布局,而是由东侧上山的梯道引入,沿等高线不断蜿蜒,背靠崖壁,面临长江。程颐像、诗画廊、碧云亭、点易洞等主要节点均顺次由步道串联,融合于自然山水的秩序当中。三进的钩深堂为坡地上的传统院落,仅形成书院的一条次要轴线。北岩书院平面图,如图2.4所示。

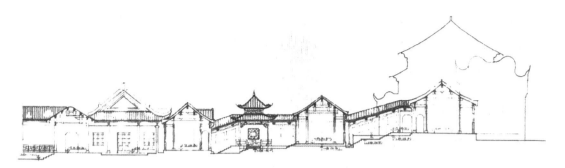

图2.1 岳麓书院御书楼剖面

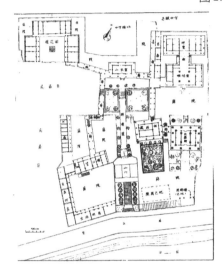

图2.2 弋阳县叠山书院总平面图

图2.3 岳麓总图

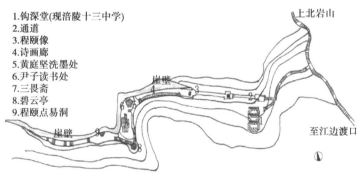

图2.4 北岩书院平面图

　　南川隆化镇的海鹤书院(伊子祠)成立于光绪二十七年(1901年),位于凤嘴江畔。书院东西北三面临水,形若半岛,两侧浅滩,视野开阔,1.5 km远处有连绵成垣的永峰山脉。书院基本按照传统的轴线院落形制,但未按南北向布置,而是跟随半岛形态偏转。鱼嘴处的四方亭、八角亭作为轴线的结尾,以轻盈的形态临于水上,与山水取得良好关系。

　　始建于1873年的江津白沙镇聚奎书院坐落于一座山头上,步行空间整体以折曲的道路线形顺应山地形态,讲堂等区域局部采用传统的轴线模式。其书院主体、九曲池、饮水思源池按山体的形势,环状包围形成主交通流线,其间布置数条小路连接主要建筑,将黑石山上现有两百多年留下的70余处名人墨迹包含在道路两侧,形成人文荟萃景象。书院主体建筑形成次要轴线,尊重传统书院的形式。20世纪初,书院内增加了日本枯山水、欧洲园林小品等元素,丰富了步行空间的类型。

2.1.2 重庆高校的发展与地形的适应

(1)现代高校的启蒙与跨越

20世纪上半叶是重庆现代高等教育启蒙与跨越式发展的时期。在此过程中,重庆由区域的教育高地一跃成为中国的科教中心。

1891年开埠后,外国基督教会、国内维新派等均在重庆创立学堂,使重庆成为四川新式学堂最多的地区。因制度所限,办学最高等级仅到中学堂。1929年重庆设市,开始组建重庆大学,同年10月12日成立。校园最初选址菜园坝,图2.5为重庆大学菜园坝校区运动场,1931年在沙坪坝建新校区,1935年在教育部正式立案,标志着重庆城市近代教育体系的初步建立,图2.6为重庆大学1937年总平面图。1933年,四川省乡村建设学院在磁器口创办,1936年更名为四川省教育学院。

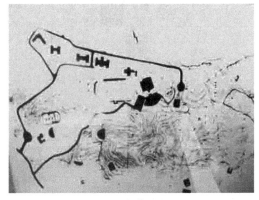

图2.5 重庆大学菜园坝校区运动场　　　　图2.6 重庆大学1937年总平面图
资料来源:欧阳桦老师手稿　　　　　　　　资料来源:重庆大学校史馆

1937年前,中国有教育部直属高校108所,主要分布于沪、平、津、宁等大城市。抗日战争全面爆发后,在短时间内,共14所教育部直属高校迁渝,占内迁58所高校的21.1%。此外,其他各类高校迁渝至少61所,包括中央大学、复旦大学、武昌中华大学、之江大学等,涵盖了文理、社科、医药、师范、农林、美音、军事等类型。迁渝各类高校在选址上,以西郊的沙坪坝至歌乐山一带,远郊的北碚为主要聚集点。如中央大学选址沙坪坝重庆大学校园内及江北柏溪,复旦大学选址北碚对岸夏坝。高校选址于此的原因包括:该范围相对安全;区域原主要为乡村,环境优美;战前重庆大学、四川乡村教育学院等教育机构已在此范围内,有学术研究氛围;中央大学、天津南开中学等顶尖学府的先期迁入起到带头作用。高校内迁在很大程度上改变了中国高等教育地理分布不平衡的情况,高水平的教授云集重庆各大学府,使重庆一时间成为全国高等教育和科研的中心。在资源严重短缺、敌军不断轰炸等情况下,各高校坚持办学,为支持抗日战争和中华文化的存续做出了巨大贡献。

1946年,大部分高校复员,余下的重庆高校仅9所。但近十年的耕耘,已在重庆高等教育发展史上留下不可磨灭的印记,为后来的发展奠定了一定的基础。

(2)外来影响与本土融合

19 世纪中叶至 20 世纪中叶,各种新思潮对传统思想造成极大冲击。高校校园设计方面,以轴线三合院作为主要组织元素的美国学院派风格逐渐占据主要地位。1927 年,在全国范围内,高校规划思想划分为前后两个阶段。

前一阶段中存在三支高校建设的主要力量。迫于西方入侵急于进行改革的清政府,以教会为代表的国外势力以及我国民间组织,在校园及步行空间规划思想方面各具特点。清政府主要在原有的学堂上进行改造,网络式的建筑逐渐被单体建筑取代,道路成为校园独立的构成元素。基督教会自 19 世纪 70 年代取得了参与中国高校建设的机会,带来了美国当时正盛行的、以弗吉尼亚大学为代表的学院派风格,强调 U 形庭院、强烈的轴线及对称性控制、中心大草坪、两侧的步行回廊及尽头的礼堂等构成要素,同时丰富了校园功能,积极融入中国传统文化、基地地形地貌,如燕京大学、金陵女子大学(图 2.7)、武汉大学等。民办高校通常远离政治中心,并刻意回避西方的高校形制,校园形式上更加自由,融入当地风俗,虽然缺乏整体架构,但在一些细节处理上独具特色,如位于鼓浪屿的厦门大学。

后一阶段中,我国经历了抗日战争前的国家建设,社会、政治及价值观的动荡使高校设计理念不断发生改变。部分大学将我国传统宫殿式的布局与西方巴洛克图案化的轴线路网模式、功能分区等结合起来,形成具有"中国固有之形式"的一部分。如岭南丘陵地区的中山大学,包含学院派十字形轴线、"钟"形轮廓、辟雍环道等元素,图 2.8 为中山大学新校舍草案。教会大学受到 20 世纪 20 年代爆发的反基督运动、政府法案等影响,发展速度减慢。抗日战争全面爆发后,大量高校西迁,在艰苦的条件下,依然保留了部分高校的空间秩序。抗日战争结束后,内迁学校通过各种方式回迁。解放战争时期,在解放区的高校更多体现为政府干部的输出部门,针对统一的意识形态和作战实际进行培养,对空间上的联系性和系统性较为忽视。

图 2.7 金陵女子大学鸟瞰图

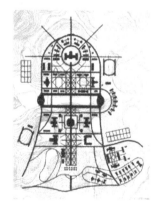

图 2.8 中山大学新校舍草案

由于地处内陆,重庆地区高校规划思想相对滞后。高校校园建设在抗日战争前基本延续传统书院模式。如重庆大学建校之初的菜园坝校园采用典型的书院形态规划,1933 年设立的沙坪坝校区仍很大程度上受到地方传统规划、哲学和宗教思想影响,布局追求"小、散、隐",依附地形,大分散,多组团,没有明确的轴线关系。步行空间形态随山势曲折,自然生长,串联分布较为零散的建筑单体。抗日战争全面爆发后,高校迁渝带来东部沿海地区已广泛运用的、结合中国传统轴线和西方开放式的现代校园设计理念。由道路、广场、庭院构成的轴线成为校园空间形态的重要特征,控制、组织内部结构及生长方向,为自然的山地环境注入人工秩序。

中央大学迁渝后,委托设计中大南京新校的兴业建筑事务所进行校园设计。基地位于重庆大学校园东侧一座名为松林坡的小山头,设计采取因地制宜、就地取材的方针,形成中轴线和对景布局,各分区及人流、物流等安排井然有序。校区由30余座简单中式建筑构成,环形分布于松林坡周围,由环校马路串联。西侧与重庆大学校区连接处向山顶修筑大台阶,连接松林中其余石板路。大台阶成为校园的空间轴线,由山脚向上分别联系中大校门、运动场、文学院,直抵山顶的集合厅、图书馆等。轴线北侧主要为教学实验用房,可眺望嘉陵江;南侧主要为生活服务用房,图2.9为抗日战争时期中央大学松林坡校址。

复旦大学选址的夏坝位于嘉陵江北岸,地势平坦。在短时间内,建成博学、笃志、切问、近思等4栋教室,1座小礼堂,4栋女生宿舍,6栋男生宿舍,1座食堂,6栋教授宿舍。其布局以登辉堂为中心,呈行列式面向嘉陵江一字排开。教学区和道路构成了校园的横向主轴线,教学试验区、体育活动区、生活区沿主轴对称布置,图2.10为复旦大学迁渝时期主楼相辉堂。

图2.9 抗日战争时期中央大学松林坡校址
资料来源:南京大学官网

图2.10 复旦大学迁渝时期主楼相辉堂
资料来源:复旦大学官网

2.1.3 高等教育发展与地形的适应

(1)高等教育重组与停滞

中华人民共和国成立初期,在面临国外封锁、经济短缺和巨大的军事压力下,高校建设采取国家统一计划的苏联模式。在建设社会主义现代化目标下,政府对各类高校采取和平接管方针和稳定扶持政策,私立及教会大学并入公立体制,全面实行国有化。在20世纪50年代实行2次全国院系专业调整,一定程度上促进了包括重庆在内的西部高等教育的发展,奠定了重庆高等教育的格局。整合后,重庆主城区大学达到15所,其中沙坪坝区9所,北碚区、九龙坡区各2所,江北区、南岸区各1所。除重庆大学为原址发展外,许多校园为新设立或搬迁新址。重庆邮电学院于1953年6月创建,选址南岸区黄桷垭;重庆医科大学于1956年正式招生,选址渝中区袁家岗;西南政法学院(现西南政法大学)于1953年8月成立于化龙桥西南人民大学旧址,1954年迁至沙坪坝区歌乐山烈士墓;四川外国语学院(现四川外国语大学)于1958年5月正式成立,校址先后位于北碚文星湾和沙坪坝区烈士墓;西南师范学院于1950年10月在沙坪坝区磁器口原四川省立教育学院成立,1952年迁往北碚;西南农业大学于1950年10月在原复旦大学校址成立,1954年迁至北碚天生桥西南师范大学南侧(注:2005年西南师范大学、西南农业大学合并组建为西南大学)。

1958年高校数量迅猛提升,由229所发展到1960年的1289所,学生人数由44.1万增加到96.1万。建筑界展开"反浪费,反保守"的运动,并采用技术革新手段适应当时的经济社会特征。新建大学被分散到与生产关系密切的区域。"大众化"取代"正规化",旨在消除工厂与大学的区别。根据战备需要,开始了新一轮高校内迁,一些迁往地址地处偏远,不利于学校未来的发展。

(2)直线格网与庄严形式

国家拨款是该时期校园建设唯一的经费来源,国家意志在学校的风格和总体规划中体现明显,莫斯科大学"强调中央控制与行政"的空间形式成为大多校园规划的蓝本。校园内部强调如同城市一样的专业分区,代表消除阶级不平等。步行空间系统以正交格网式为主,道路划分地块,形成系统性的、不间断的、无级别差异的网络。建筑沿路"镶边式"布置,"街坊"式布局。每个"街坊"相对封闭,自成一体。仿效苏联高校仪式性中轴、三合院式的入口广场,基本延续了教会大学的特征。院中的景观不再是重点,以体现宏伟的主楼为主要目标,周边的环境也往往被忽视。原华中工学院(现华中科技大学)鸟瞰图,如图2.11所示。20世纪60年代开始,苏联模式受到反思,绝对的正交网格开始松动;校内公共设施被要求社会化,对沟通校内外的步行路径提出需求;景观环境与农田或林地结合,以减少建设、维护成本等,这些变化导致了校园功能区的混杂交错,原有步行系统向无序发展。后因资金紧张、规划缺失、过度节省、见缝插针等行为造成包括步行空间系统在内的校园环境质量降低,图2.12为1971年西南交通大学峨眉校区地图。

图2.11　原华中工学院(现华中科技大学)鸟瞰图　　图2.12　1971年西南交通大学峨眉校区地图
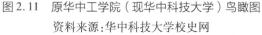
资料来源:华中科技大学校史网

正交网格模式在山地环境中显然难以实现,但仍对重庆高校园步行空间形态产生巨大影响。与平原高校南北向网格不同,重庆高校的步行网格大多依据地形,让其中一个方向平行于等高线,另一个方向垂直于等高线。这种外加的秩序不可避免地与自由的山地形态产生不可调和的矛盾,尤其在地形起伏较大的校园中,产生了步行空间不连续、不流畅等问题,容易丧失山地的空间个性。

对称庄严的入口中轴是该时期校园建设的另一主要特点。通常将教学区布置在入口处,并以宏伟的广场与轴线道路来统领空间,以对称形式的教学楼或行政楼作为轴线底景。在地形较为平缓的校园中,该形式容易实现,如重庆医学院、西南农业学院等。一些校园利用地形的起伏强化了轴线感,如西南师范大学在入口广场和行政楼间布置大台阶,增强了轴线的庄严气势,图2.13为重庆建筑工程学院20世纪60年代平面图,图2.14为西南师范大学前广场。

图2.13 重庆建筑工程学院20世纪
60年代平面图
资料来源:重庆大学校史馆

图2.14 西南师范大学前广场
资料来源:西南大学校史馆

2.1.4 现代高校的建设及地形的适应

(1)高校建设的恢复与发展

1977年,我国开始了一系列现代化改革,实行对外开放,向社会主义市场经济体制过渡。西方各种规划、建筑理念涌入,引发了大量关于中国传统与现代城市规划的讨论。高校规划呈现出百花齐放的状态,并随着社会经济的波动发生变化。许多高校在这一时期以恢复功能性为主要目的,进行老校区的扩建或新校区的规划,学生及教工人数迅速增加。

20世纪80年代末,我国高校取消毕业生分配制度,校园文化走向多元化和个人主义的萌芽期。学生也开始拥有更多的自主权。围绕行政、教学的校园空间被图书馆、学生中心等多元化学术空间所取代。

1992年之后,在高校合并、政策诱导、教育产业化等因素影响下,围绕"教育产业化"的体制改革,催生了中国高校跨越式扩张,衍生出旧校再开发、弃老校建新校、校园合并、大学城等多种发展模式,校园规模不断扩张。高等教育从精英教育逐渐向大众化过渡,面向各种层次、类型的需求,校园布局开始更多注重生态、人文、与城市的产业互动等。各地争相建设占地巨大的校园、大学城,使高校成为城市,特别是新城发展过程中的核心,校园形态倾向于以壮丽的风格来体现地位。

20 世纪末,在三峡工程、恢复直辖、西部开发等多种因素下,重庆高校校园建设出现繁荣的局面。如 2000 年,重庆大学与重庆建筑大学、重庆建筑工程技术学院合并,并在大学城兴建占地 245 hm² 的虎溪校区,总用地近 350 hm²;2002 年,渝州大学与重庆商学院合并成立重庆工商大学,总用地 135 hm²;2005 年,西南师范大学与西南农业大学等合并为西南大学,总用地 640 hm²;四川外国语大学在原有校园西侧台地上建立新校区,面积从 28 hm² 增长到 72 hm²;重庆理工大学通过整体搬迁,在巴南区设立占地 100 hm² 的花溪校区。

截至 2018 年底,重庆地区普通高校共 68 所,其中普通本科院校 25 所,高专高职院校 40 所,另有部队院校 3 所。高校校园由以前的主要分布在主城区向周边转移,重庆大学城、江南大学城等区域较为集中。除部分高校校园位于完全平旷区域或通过地形改造消除基地起伏外,大部分校园都具有明显且丰富的山地特征。

(2)规模剧增与个性凸显

20 世纪 80 年代,社会百废待兴,学生数量迅猛增加。高校回归科研的价值标准,拥有了更多的自主权和学术自由,并开始向综合化方向发展。规划设计领域大规模涌入国外理论,既包括 20 世纪中期功能理性的系统论,也有 20 世纪 70 年代混沌交锋的文脉、场所、符号等后现代思想。校园规划开始注意与周边城区的互动;长期以来的低密度校园逐渐向集约化校园转变;学科综合化对交流提出强烈需求,常以学术街形式串联相关的教学科研单元;汽车逐渐普及带来的人车矛盾成为校园建设及更新的主要问题,强调便捷通畅、加强系统层次性与导向性、处理人车关系、美化道路环境。

如重庆大学在 1980—1984 年,就道路的重复等问题进行整改,明确道路等级,用较宽的道路将学校主要功能区串联起来,形成交通环线,合并多余道路,将部分道路降低为游步道,在民主湖区域增加步行通道,增大游览接触面积。重庆医科大学在 1992 年对道路系统进行改造,为突出核心区主轴线景观和良好的步行体验,在入口的景观大道后、中央大道前,将机动车向左右两侧分流,围绕核心区形成车行环道,使核心区成为完全步行区域,消除人车混行的隐患,并在校园外侧形成外环车道,构建快速通道和货运流线。

在老校区中,并校和扩建增大了校园规模,迫使校园区域重新规划布局。如西南大学在并校后,原邻近的两个校园合二为一,新的校园中心出现在原两校交界处的崇德湖片区,原各自校园中心成为两翼的副中心,原有步行空间的系统性遭到很大破坏,图 2.15 为西南大学(主校区)平面示意图;重庆大学并校后,学生日常通行路线变化巨大,学校新建 AB 校区间的地下步行道,使主要日常步行流线贯穿两校区。教学规模的迅速发展导致用地紧张是老校区面临的普遍问题。各校园采取提高建筑密度,增加建筑层数的方法。建筑体量增大,形态丰富性与环境的呼应性增强,开始出现更大尺度、更多类型的建筑步行空间,在校园步行空间系统中占据越来越重要的位置。

在重庆大学城(图 2.16 为重庆大学城规划图)、江南大学城等高校集中片区规划下,新建校园的设计条件更为宽松。各校园步行空间系统结合基地环境、学校特色等,提供交通、交往等复合功能的校园空间骨架,表现出较强的个性特征。系统形态对不同山地环境采取不同的适应方式,人车关系基本和谐,景观及建筑步行空间的丰富性和功能复合性均较强,但许多步行空间存在尺度及高差较大导致可达性较差,校园文化氛围较弱等问题。

图 2.15　西南大学（主校区）平面示意图
资料来源:西南大学基建处

图 2.16　重庆大学城规划图
资料来源:重庆市规划局

2.1.5　发展沿革总结

通过对重庆地区山地高校步行空间发展沿革的梳理,可得出步行空间的设计思想始终在传统文化的延续和外来文化的冲击中演变。我国固有的天人合一思想,习惯在人工化的院落中重现或模拟自然,寓情于山水,并让建筑等人工化的建造融入环境当中,讲求在自然中体悟。随着西方文化的冲击,如教会所带来的美国学院派、中华人民共和国成立后的苏式风格等,对我国高校校园建设产生了深远影响,院落串联、散布于山水间的形制在很长时间内被忽视。随着改革开放,特别是 20 世纪 90 年代以后对于传统文化回归的呼声,使这些空间元素得以回归。

从功能上,步行空间始终是山地高校校园的重要组成部分,承载了交通、交流、社会活动等行为,对校园活力的营造起到重要作用;当校园从单体建筑向群体建筑发展时,步行空间构成了校园的骨架,在校园空间格局形成中起到组织者的作用,统领了室外场地及建筑的形态与布局,是校园设计的出发点和构成校园意象的最主要因素;在校园规模扩大、机动车增多给步行者带来干扰的背景下成为设计的重要因素,需采取各种措施来保证步行的安全性、可达性与舒适性,表 2.1 为重庆山地高校步行空间发展概况。

表 2.1　重庆山地高校步行空间发展概况

时期	校园发展概况	步行空间发展概况
19 世纪以前	起源于郊野山林,以书院为代表;封闭层进式院落的稳定性强,礼制化的步行空间	步行几乎是唯一通行方式;整体以折曲道路顺应山势,局部中轴院落
20 世纪上半叶	西方学院派与中国礼制、地理特征的融合,轴线式与自然式的步行空间相协调	步行为主,车行极少;整体性较强,常以台阶、坡道作为主要轴线
20 世纪中期	从仿苏式无视地形的均质网格,到规划的混乱,再到对忽视地形的批判	步行为主,偶有车行;系统尺度扩大,追求轴线、格网的平面构图

续表

时期	校园发展概况	步行空间发展概况
20世纪末至今	西方思想再次融入,步行空间等级制与山水自然风格协同发展,巨构建筑成为主流	步行为主,车行增多;强调层级性、人车关系、道路美化、多样行为、文化意象等复合功能

2.2 重庆山地高校校园步行空间发展

　　笔者对十余所具有代表性的重庆山地高校校园进行了调研,以了解步行空间系统现状及问题。调研分老校区和新校区两部分:老校区指改革开放前建成,随时代发展不断改造更新的校园;新校区指改革开放后规划建设的校园。将这些校园按建设时间,地形起伏程度划分,可归类为新校区、老校区两大部分。图2.17为重庆新老校区列举。

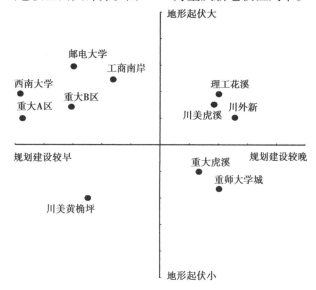

图2.17　重庆新老校区列举

　　重庆部分山地高校步行空间形态示意图,如图2.18所示。

　　现状与问题包括整体系统、系统元素、文化表现三个方面。整体系统为步行空间设计的宏观层面,指校园整体设计中,步行空间系统与其他系统的关系,包括系统的整体形态、人车系统关系、系统可达性等;系统元素为步行空间设计的微观层面,指不同的系统元素在山地环境中的设计及使用情况,包括景观步行空间、建筑步行空间等;文化表现指步行空间对重庆山地地域文化、校园文化的表现方法,是特色塑造、校园精神体现的重要组成部分。

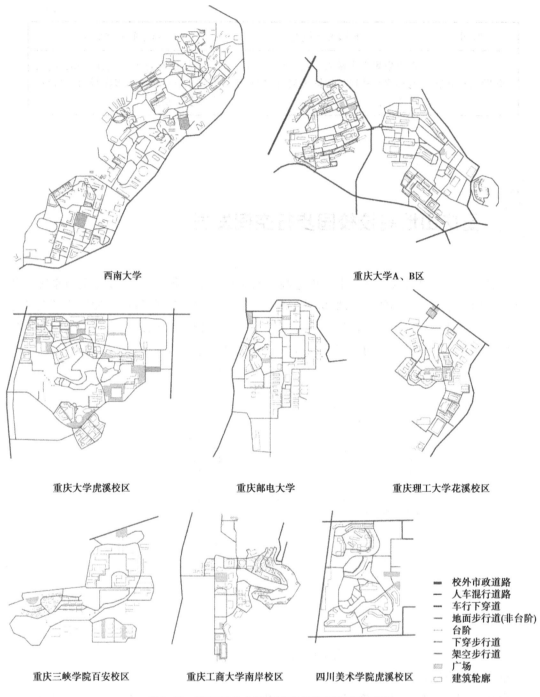

西南大学   重庆大学A、B区

重庆大学虎溪校区   重庆邮电大学   重庆理工大学花溪校区

重庆三峡学院百安校区   重庆工商大学南岸校区   四川美术学院虎溪校区

━ 校外市政道路
━ 人车混行道路
━ 车行下穿道
━ 地面步行道(非台阶)
┈ 台阶
━ 下穿步行道
━ 架空步行道
▨ 广场
□ 建筑轮廓

图2.18　重庆部分山地高校步行空间形态示意图

2.2.1　山地高校老校区

(1)空间形态生硬凌乱

重庆地区高校老校区多成型于20世纪中叶,校园建设全面学习苏联模式的时期,以宏伟的校前区广场、对称的道路和建筑,由直线构成的正交网格等成为步行空间总体形态的基

本特征,与山水环境的关系较为生硬。如重邮南山校区,虽坐拥南山风景区宝贵的山水资源,但校园步行空间格网缺乏与柔美的山形取得呼应;东侧陡坡上扩建的宿舍区部分,多条步行台阶仍采用笔直的线形,高差或在 50 m 以上,过于强调交通的便捷性,忽视了山地环境的美感和人的步行体验,图 2.19 为重庆邮电大学电子三维地图。

在改扩建过程中,学校扩招、用地紧张等因素,见缝插针进行建设的现象突出,大量占用广场、花园等非必要交通性步行空间。重庆大学 A 区在 20 世纪 60 年代的规划中,自校门向内规划了两侧大草坪、中间道路的对称景观轴。20 世纪 80 年代,出于用地紧张等原因,轴线北侧的花园用地被用于修建信息中心、综合实验楼等,使得轴线一侧被压迫,图 2.20 为重庆大学 A 区校门内区域 1963 年与 1984 年规划对比。

1963年规划　　　　**1984年规划**

图 2.19　重庆邮电大学电子三维地图
资料来源:重庆邮电大学官网

图 2.20　重庆大学 A 区校门内区域 1963 年与 1984 年规划对比
资料来源:根据重庆大学校史馆资料改绘

(2)扩并校降低可达性

重庆直辖前,高校办学规模相对较小,校园尺度普遍不大,虽有高低起伏,但校内各主要功能区间的步行可达性在合理范围。进入 21 世纪后,高校并校及扩建产生许多大尺度的校园,导致步行空间的服务范围增大,日常必要性步行距离增加。如 2000 年重庆大学重组后,A 区大门与 B 区三教学楼间新建地下步行隧道,并规划修建地下车行隧道,图 2.21 为重庆大学 A、B 区连接通道总图。学校对教学区、宿舍区等统一安排,学生日常频繁往返两校区。从 A 区东南端宿舍区到 B 区西南端宿舍区的步行距离达 2 km,到 B 区教学区的距离达 1.5 km,步行路径高低起伏。2005 年成立的西南大学,将占地约 1 200 亩(1 亩≈666.67 m²)的原西南师范大学、占地约 1 228 亩的西南农业大学、占地约 577 亩的第五十一研究所等合并为一座占地达 3 820 亩的巨大校园。狭长形的校园南北宽约 650 m,东西长约 2 700 m。校园从东北的宿舍区到西南的教学区间的步行距离达 2.3 km。

一些校园虽面积增加不多,但扩大的区域地形高差较大,给师生的日常步行通行带来较大困难。如分别位于南山山脊和山麓的重庆邮电大学、重庆工商大学均向原有校园东侧山坡扩张,用于建设学科楼、宿舍等。多处陡峭的台阶用于解决巨大的高差,图 2.22 为被称为"天梯"的重庆邮电大学大台阶。在就餐时间,位于山坡较高位置的工商大学东宿舍区外有较多的外卖送餐车辆,充分表明可达性差对学生行为的影响。

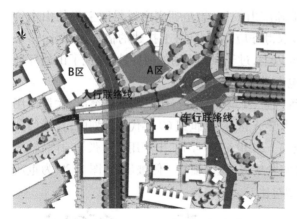

图 2.21　重庆大学 A、B 区连接通道总图　　图 2.22　被称为"天梯"的重庆邮电大学大台阶

资料来源:重庆大学建筑规划设计研究总院有限公司

（3）人车矛盾普遍突出

老校区普遍存在人车矛盾问题,其原因包括:旧有校园在设计时无法预计私人汽车的发展,交通模式较为单一,道路多为人车混行,专用步行道相对分散,多为游步道,难以形成适应大量人群的、独立的步行空间体系;原有道路路幅较窄,在之后的改造中常拓宽车行道,压缩人行道或绿化带,影响了步行道的通行能力和环境品质;学生人数的迅猛增加,对步行空间通行能力需求增长;直线道路上车行速度容易较快,部分路段坡度较大,转弯半径过小,视线被植被、建筑等遮挡,存在人车安全隐患。

各校园尝试从校园改造、加强管理等方式改善人车关系。如重庆医科大学袁家岗校区通过改变道路组织结构,在教学核心区和校园外围设置两条车行环道,使核心区成为纯步行区域,校园内部车行交通围绕校区周边通行;重庆大学 B 区利用地形本身的高差,在西南入口附近的步行广场下设车行隧道,竖向分离了人流与车流,加强管理是简单易行、更为普遍采用的方法,如重庆大学在多次调整后,运用门禁将校园划分为不同区域,对机动车实行分级准入管理,规范停车位范围,对乱停车车主进行警告、限制入内等处罚;重庆邮电大学根据已有校园情况,封闭了主要教学区的车行道,形成完全的步行区域;重庆大学 A 区、重庆交通大学南岸校区等甚至在校园道路上采用交通信号灯,在高峰时段限制机动车通行。

另一方面,校园公交作为日常辅助通行方式,在面积较大、坡度较陡的校园内受到欢迎。西南大学、重庆邮电大学南山校区、重庆工商大学南岸校区等均在主要的教学区、生活区间开设公交线路,主要采用运能较小的电动摆渡车或小型巴士,在高峰期排队现象明显。除服务校内师生外,校园公交也受到观光者的欢迎。

（4）空间环境较为单调

老校区内普遍存在步行空间较为朴素、单调,对山水环境利用不足,缺乏对各类校园活动支持的问题。

一方面,受校园规划时期的社会、经济条件影响,步行空间以满足基本的通行需求为主。大部分人车混行道路采用沥青面层,绘制车行标志,没有表达步行者优先的权利;人行道铺装方式与城市道路无异,丧失了校园个性。植物经过长时间的生长,大多高大茂密,部分植物逐渐与挡墙等融为一体，但往往层次性不足，养护不佳，与步行者缺乏良好的互动关系。步行空间与周边环境元素"各自为政"的情况突出。附属设施的种类、数量均显不足。休闲服务设施缺乏，难以吸引师生停驻交流，产生多样性的行为；照明设施陈旧，被植被遮挡情况突出，夜间照度严重不足。校园建筑一般体量较小，形态构成较为简单，处于校园步行空间系统的末端，与基地的山水环境呼应较弱，空间丰富性不强。

另一方面，在校园改造更新中，步行空间的丰富性、与环境的融合性得到重视。重庆大学 B 区在 20 世纪 90 年代的新规划中，将校前区中轴线向南移动，位于两侧建筑界面的中心，利用高差形成台阶式地面，形成集散平台和步行通道，下方设置车库，车行路线保持不变，实现人车分流。原有老校门依然保留在新大门的北侧，后作为校园的步行专用通道。重庆大学 B 区学生食堂采用半地下式设计，屋面与东侧道路基本平齐，可引导师生前往屋面花园，为

图 2.23　重庆大学 B 区食堂
资料来源：《重庆建筑大学教师建筑与规划作品集》

密集的生活区提供开敞的生态休憩空间，图 2.23 为重庆大学 B 区食堂；第二综合楼结合地形形成多层接地，并运用中庭统一了位于不同楼层的出入口，提高了内部多层空间的可达性，步行者可方便地经由中庭穿梭于校园的两台地之间。

（5）校园文化积淀深厚

长期发展中，老校区按一定的格局规划和建设，从总体布局、校园环境到建筑形式，逐渐形成自身的脉络、风格和特色，为人们所认同和接受，积淀了深厚的文化氛围。

步行空间作为校园的骨架，在不断改造更新中改变较小，且一直具有较强的公共性，常被赋予特殊的场所意义。如重庆大学 A 区第五教学楼旁的香樟树林中坐落一座寅初亭，虽样式普通，却记录了马寅初先生在抗日战争时期，时任重庆大学商学院院长期间，因揭露四大家族巧取豪夺，被政府实施关押，重庆大学师生英勇斗争的历史。近百年来，寅初亭修缮数次，其所处的密林中逐渐形成了数条小径，成为供师生游客休闲散步、体味校园文化的场所。图 2.24 为重庆大学 A 区寅初亭。

一些校园巧妙利用特殊的山地环境，塑造文化地标。如重庆工商大学南岸校区东侧最高处，林木葱郁，视野壮观，盘山道路穿梭于林中。学校在山林深处设置仿古的书院建筑、牌坊等，营造雅致的文化氛围，成为师生及外来游客心目中重要的校园文化标志，图 2.25 为重庆工商大学南山书院。西南大学为纪念吴宓，在 2007 年于田家炳运动场、文学院间修建吴宓园。纪念园结合地形，按照吴宓先生人生的三个阶段，形成逐级抬升的空间，较低两级空间布置小块方形场地，相互咬合，在制高点设置"吴宓轩"作为高潮，并以绿植围合，产生由开敞至封闭，由动至静的序列。

图 2.24 重庆大学 A 区寅初亭

图 2.25 重庆工商大学南山书院
资料来源:校园官网

2.2.2 重庆山地大学新校区

(1)与环境结合为有机整体

经过整体的规划设计,大部分新建校区更加重视与基地山水特征和学校特点的结合,注重步行空间的系统性和个性化,采用与基地相适应的轴线布置和网络形态,与环境结合成为有机整体。

重庆大学虎溪校区利用基地东侧洼地形成水面,保留西侧山体,构成连接缙云山脉和大学城中心区的生态轴线廊道,主要教学区、生活区在廊道南北两侧顺次展开,图书馆等重要公共建筑布置于中心。步行空间与生态廊道紧密结合,蜿蜒穿梭于山水之间,兼顾了轴线特征和顺应地形构成的有机网格形态,图 2.26 为重庆大学虎溪校区总平面图。四川美术学院虎溪校区基于"十面埋伏"的理念,放弃了大轴线的传统做法,强调对原有自然及人文记忆的保留。在基本不改变原有地形的情况下,形成与保留生态相结合的中央教学区、西侧运动区、东侧校前区、西北生活区的格局。步行空间由环形道路和多个次级步行网络构成,因循地势的起伏和原有空间特征,极大地表现了基地原生乡土文化和浪漫的艺术气息,图 2.27 为四川美术学院虎溪校区规划图。重庆理工大学花溪校区在东临花溪河,基地内地形复杂,

图 2.26 重庆大学虎溪校区总平面图
资料来源:重庆大学基建处

图 2.27 四川美术学院虎溪校区规划图
资料来源:校园官网

没有连续大面积平地的情况下,保留基地内三条主要的东西向丘陵,作为山顶公园或功能区的自然分界,利用河流环境为宿舍区及体育区提供良好景观。校园分区清晰,校前区位于西北端,教学区位于中心,生活区位于东侧河流沿岸,运动区位于南侧。步行空间由两条南北向轴线构成,两轴线在中心广场处连接。西侧轴线连接校前广场、隧道、教学区中心生态景观,东侧轴线呈有机网络结构串联生活、教学、运动区。

(2)大尺度降低可达性

新校区大多位于城市新区,土地资源相对宽松。为满足校园未来发展需求,各高校均在允许范围内尽可能地争取更多的校园用地。较大的尺度导致日常步行距离的增加,可达性较低,尤其在地形复杂、坡度较大的校园内,给日常通行带来很大不便。

重庆大学虎溪校区南北约 1.3 km,东西约 1.2 km,占地约 120 hm²,绿心式的空间结构增加了校内日常通行距离。从西北侧松园宿舍到教学综合楼的距离达 900 m,到图书馆的距离达 1 300 m,到理科楼距离达 1 600 m。由于校园南北侧区域对地形进行平整处理,适应自行车通行,基本解决了通行距离过长的问题。

部分相对较小的校园中,由于步行空间的起伏较大,也导致部分区域可达性较差。如位于歌乐山东侧山麓的四川外国语大学新校区,面积虽仅约 42 hm²,但由于校园轮廓呈南北向长条状,教学区、生活区分别位于南北侧,最南端的宿舍楼至最北端的图书馆间的步行距离达 1 100 m,高差近 100 m,且无法使用自行车,学生日常通行距离明显过远。几段大台阶集中消化高差,其中北侧连续的

图 2.28 重庆三峡学院新校区鸟瞰图

台阶长 46 m,高差 12 m,给步行者带来非常不佳的体验,被戏称为"天梯"。位于万州的重庆三峡学院百安校区高差巨大,设计沿台地布置教学、生活区域,在两区域间坡度较大的区域形成生态景观带,将步行空间系统平行或垂直于等高线布置,希望减少学生日常往返于宿舍、教室的步行距离,并在途中穿越风景优美的坡地生态区,但在高峰期仍有大量学生等候校内摆渡车。图 2.28 为重庆三峡学院新校区鸟瞰图。

(3)人车关系较为和谐

新建校园大多在设计之初便重视人车关系的协调,以步行优先的原则,从人车动线分布、机动车停车、校园公共交通等方面进行了较为完整的交通规划,但仍存在部分节点在高峰时人车争道、步行空间不连续等问题。

四川外国语大学新校区以平面分流的方式,在教学、运动区外围设车行环道,环道内为完全步行区,生活区地形较陡,采用盘山式车行道,步行道在上下两层车道之间,沿等高线分布,图 2.29 为四川外国语大学交通规划图。重庆大学虎溪校区、四川美术学院虎溪校区、重庆理工大学花溪校区等较晚建设的校园新区,综合运用了人车分流和人车共存的手段,在保证地形适应性等要求的情况下,对主要步行区域采取人车分流,当人车共用空间时,保证步

行空间的宽阔舒适。

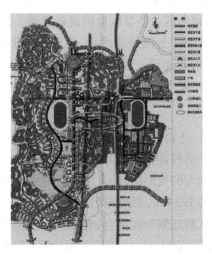

图2.29　四川外国语大学交通规划图

资料来源：重庆大学城市规划与设计研究院

部分校园开行摆渡车，作为步行通行的辅助及校园观光的方式。校内公交的线路规划、站点布置均以经验为基础，缺乏系统性的理论基础。城市公交也很少与校园直接联系起来，使校城资源的共享受到限制。

（4）空间环境较为丰富

新建校园大多结合山水特征布置丰富类型的步行空间，给多样的校园活动提供支持。如重庆大学虎溪校区针对不同的等级、区域、环境和活动采用的不同界面，在礼仪空间、教学区和人流较为密集的广场等采用花岗石铺地，山体步道和滨水步道采用透水砖、碎石错拼、木质架空等，周边植被配置丰富，层次感强，部分建筑立面加强了与景观步行空间的互动性。四川美术学院虎溪校区利用基地山水特征和自身学科特点，将绘画、雕塑等形式用于步行空间的营造，尤其在校园中心区，尊重基地原有的地貌特征，布置田埂、汀步、栈桥等趣味性步行路径，采用乡土植物，甚至荷花、油菜花等构成极富趣味的植物界面，图2.30为四川美术学院虎溪校园中心荷塘景观边的木质廊道。重庆理工大学花溪校区在入口至教学区中心的步行路径中，设计穿越山体的隧道、滨水平台、水上栈桥、汀步等，呈现与自然充分融合的野趣，表现出山水书院的雅致。部分校园存在追求宏大气势，忽视山地环境的现象。如四川外国语大学新校区北侧的"景观大道"线性笔直，长400 m，宽15 m，采用花岗石铺装，两侧边界单调，绿化遮阴欠缺，没有与邻近的歌乐山风景区绵延的山体取得呼应。

校园建筑的步行空间环境较老校区与基地结合的方式更为多样。单体建筑通过自身形态，挖掘山地建筑的特征，提供丰富的步行空间环境。如重庆大学虎溪校区图书馆采用底层架空，形成串联前后两广场的步行交通，提供全天候的公共活动空间；其南侧的艺术学院将高低错落的屋面连通，模拟山地起伏的路径；理科楼以入口广场及北侧山顶上的观光塔为端点，建立步行及景观通廊。建筑群体将步行空间作为重要的组织元素，使之成为建筑群体的核心。如四川美术学院美术系楼在基地中央布置错动的台地，各单栋建筑错落位于不同台地上，部分建筑底层架空，形成台地的延伸，一定程度上弥补了室外集散、展示空间不足的问题，有助于学生交流和作品展示。重庆理工大学花溪校区中心教学区建筑群依据台地形态，各建筑走廊随地形弯折,建筑间通过连廊围合院落,构成具有较好连续性、丰富性的山地立体步行空间网络,顺应山势,起伏曲折。建筑内走廊、平台、天桥曲折多变,多采取半开敞形式,穿梭于山林间,形成中国园林"廊"式的效果,图 2.31 为重庆理工大学花溪校区第一教学楼标准层平面图。

 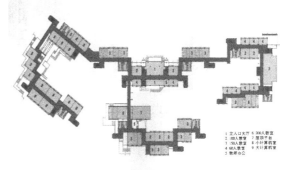

图 2.30　四川美术学院虎溪校区校园中心　　图 2.31　重庆理工大学花溪校区第一教学楼标准层平面图
　　　　　荷塘景观边的木制廊道

(5)校园文化相对薄弱

由于缺乏积淀,新校园往往存在文化氛围不足的问题。在规划设计时间相近,建设周期较短的情况下,许多校园的步行空间存在雷同的现象。如气势宏伟的入口广场、标准化的道路断面、近乎一致的花岗石或透水砖铺装纹样等。同时,许多校园也积极通过多种方式来加强校园文化的传承,体现校园的个性。

一方面,通过挖掘重庆特殊山地地域文化,体现重庆山地校园特征。部分校园步行空间通过空间的收放、路径的弯折、景观背景的变化、标志物的布置等手法,使人获得具有强烈山地自然和校园人文意象的体验,如重庆大学虎溪校区、重庆师范大学大学城校区等,均体现出对山水环境的尊重,融入重庆山水园林意象,反映重庆山地地域文化特征;四川美术学院虎溪校区因循原有地形及田地耕作方式,恢复修补了山地田园式的场景,将田埂、水坝等作为步行路径,路面铺装采用石料、木材、泥土等本土材质,表现出浓厚的乡土特色;重庆理工大学花溪校区以山地书院为意象,依据地形,形成校前广场—隧道—山谷—广场的序列,取得"世外桃源"的美称,图 2.32 为重庆理工大学入口处隧道。

另一方面,将原校园的步行空间元素或学科特点融入新的校园,反映学校的文化特色。重庆大学虎溪校区和重庆师范大学大学城校区以原大学的校门形式复制到新校区的大门,图 2.33 为重庆大学虎溪校区复制老校门。四川美术学院则将校园的艺术性与校园雕塑相结合,用石料、木材、彩瓷等丰富的材质构成空间界面,创造性地采用陶罐、纺车等作为构成元素,表现出美术学院特有的梦幻色彩;重庆科技学院更多崇尚传统工业技术和钢铁的力量美。

图 2.32　重庆理工大学入口处隧道

图 2.33　重庆大学虎溪校区复制老校门

2.3　使用者满意度评价

2.3.1　调研对象及方法

为取得学生在对步行空间实际使用中的状态及感受,采用问卷、访谈,并对调研问卷结果进行统计学分析,对6所高校校园进行满意度调研。选取校园分别为:重庆大学B区、四川外国语大学新校区、重庆大学虎溪校区、四川美术学院虎溪校区、重庆工商大学南岸校区、重庆理工大学花溪校区,图2.34为调研校园基本情况。选择的校园具有各自不同的山地特征和学科特点,包含较为完整的校园功能,基本自成一体,在设计上采用不同的步行空间系统模式,并均投入使用10年以上,能反映步行空间设计对学生感受的影响。

调研分为两部分。首先,选择3所校园,通过问卷、访谈的形式进行探索性调研,发掘学生对校园步行空间系统与山地关系的关注点和现有系统可能出现的问题,总结学生满意度评价因子;对6所校园进行问卷调研,采用因子分析法,取得各评价因子的权重;取得各校园学生对各因子的满意度,采用聚类分析获得综合满意度,将结果与各校园调研所得的整体满意度比较,验证因子设置及权重的合理性;讨论影响满意度评价的关键因素,为焦点性问题探索提供线索。

2.3.2　探索性调研

为避免开放式访谈中时间过长、效率过低的问题,进行探索性调研,对部分学生进行初步问卷及访谈。列出影响山地步行空间品质的可能因素,让学生从中选择并进行讨论,学生也可以提出新的因素。

列出的因子以启发引导为目的,范围较为分散,包括地形融合、高差处理、人车关系、功能区间的便捷性、空间类型的多样性、广场、大台阶、登山道、滨水道、共享节点的丰富性、共享节点的布局、夜间照明、网络信号覆盖、售卖服务设施、拥挤情况、铺装类型及质量、建筑内外联系、建筑步行空间与地形的结合、行为多样性、个人私密空间、公共交流空间、山地自然表现、校园精神、人文意境共计 21 项。其中许多因素间相互联系,如地形融合与高差处理、行为多样性和空间类型的多样性等。

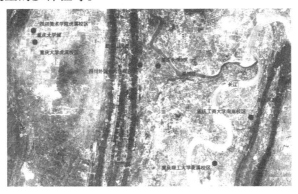

名称	地址	建设年代	基地特征
重庆大学 B 区	沙坪坝	1952	东高西低,起伏复杂
重庆工商大学南岸校区	五公里,南山山麓	1963	东高西低,台地明显
四川外国语大学新校区	烈士墓,歌乐山山麓	2007	西高东低,南高北低
重庆大学虎溪校区	重庆大学城	2005	中部山体,四周平缓
四川美术学院虎溪校区	重庆大学城	2005	丘陵众多,起伏复杂
重庆理工大学花溪校区	花溪,花溪河畔	2005	丘陵众多,起伏复杂

图 2.34 调研校园基本情况

选取重庆大学虎溪校区、四川美术学院虎溪校区、重庆工商大学南岸校区为探索性调研对象。在访谈过程中,学生还提出夜间照明、卫生保洁、动植物养护、电子监控、校外游人等方面问题。除夜间照明外,其他因素均属于校园管理范畴,本书不做讨论。

共收到有效问卷 161 份,其中重庆大学虎溪校区 62 份,四川美术学院虎溪校区 56 份,重庆工商大学南岸 43 份;统计因子共计 22 项,探索性调研因子统计见表 2.2。

表 2.2 探索性调研因子统计

序号	因子名称	重庆大学虎溪校区		四川美术学院虎溪校区		重庆工商大学南岸校区		总计	
		数量	占比/%	数量	占比/%	数量	占比/%	数量	占比/%
1	地形融合	18	56.3	17	65.4	12	36.4	47	51.6
2	高差处理	18	56.3	19	73.1	28	84.8	65	71.4
3	人车关系	21	65.6	12	46.2	20	60.6	53	58.2
4	功能区间的便捷性	32	100.0	26	100.0	33	100.0	91	100.0
5	空间类型的多样性	27	84.4	23	88.5	20	60.6	70	76.9
6	广场	30	93.8	17	65.4	30	90.9	77	84.6

续表

序号	因子名称	重庆大学虎溪校区		四川美术学院虎溪校区		重庆工商大学南岸校区		总计	
		数量	占比/%	数量	占比/%	数量	占比/%	数量	占比/%
7	大台阶	12	37.5	24	92.3	33	100.0	69	75.8
8	登山道	21	65.6	25	96.2	26	78.8	72	79.1
9	滨水道	26	81.3	22	84.6	13	39.4	61	67.0
10	共享节点的丰富性	31	96.9	24	92.3	29	87.9	84	92.3
11	共享节点的布局	27	84.4	21	80.8	22	66.7	70	76.9
12	夜间照明	30	93.8	24	92.3	22	66.7	76	83.5
13	网络信号覆盖	7	21.9	9	34.6	4	12.1	20	22.0
14	售卖服务设施	12	37.5	9	34.6	17	51.5	38	41.8
15	拥挤情况	21	65.6	19	73.1	22	66.7	62	68.1
16	铺装类型及质量	17	53.1	22	84.6	16	48.5	55	93.0
17	建筑内外联系	24	75.0	23	88.5	22	66.7	69	75.8
18	建筑步行空间与地形的结合	12	37.5	14	53.8	14	42.4	40	44.0
19	行为多样性	16	50.0	23	88.5	19	57.6	58	63.7
20	个人私密空间	24	75.0	3	11.5	13	39.4	40	44.0
21	公共交流空间	25	78.1	17	65.4	21	63.6	63	69.2
22	山地自然表现	5	15.6	16	61.5	17	51.5	38	41.8
23	校园精神	15	46.9	26	100.0	13	39.4	54	59.3
24	人文意境	10	31.3	24	92.3	16	48.5	50	54.9

问卷结果具有相似性及不同校园间的差异性。相似性包括：

①所有的学生都选择了"功能区间的便捷性"，说明步行空间的通行功能仍是最基本因素。许多学生反映宿舍和教室的距离过远，尤其是在高差较大情况下。与该项相近的"山地自然表现"也有大量学生选择。

②"共享节点的丰富性"与"共享节点的布局"因素的选择率很高，与之对应的是"公共交流空间"。

③"空间类型的多样性""拥挤情况"等步行空间本身的特征因素选择较多，表明学生对步行舒适性的重视。多数学生认为上下课高峰期的步行空间过于拥挤。

④"建筑内外联系"选择较多，但其相似因素"建筑步行空间与地形的结合"选择较少。显示出学生对建筑内外步行空间的联系性的重视，但对抽象的空间概念缺乏认知。

⑤"网络信号覆盖"选择较少，其中网络信号覆盖仅为22.0%。在讨论中发现，手机直接高速上网、校园全域 Wi-Fi 的普及，使学生未感觉到不同空间网络信号覆盖的差异。

⑥重庆大学虎溪校区、四川美术学院虎溪校区对"夜间照明"的关注度均达90%以上，重庆工商大学南岸校区对此项的选择稍低，但也达66.7%。

不同校园所统计的影响步行空间品质因素的差异性也较明显，包括：

①重庆大学虎溪校区与重庆工商大学南岸校区的学生对"人车关系"关注超过60%，四川美术学院虎溪校区仅46.2%。在讨论中得出，重庆大学虎溪校区和重庆工商大学南岸校区中私人轿车的数量相对较多，四川美术学院虎溪校区中私人轿车较少；重庆大学虎溪校区和重庆工商大学南岸校区中都运行校内摆渡车，在重庆工商大学南岸校区中，摆渡车作为步行的辅助通行方式明显。

②学生对不同类型步行空间的选择有明显差异，且与各校园的特征相关。如四川美术学院虎溪校区内本身的广场空间不多，选择率仅65.4%，而其余两校均超过90%；重庆大学虎溪校区较为平缓，大台阶选项仅37.5%的选择率，而重庆工商大学南岸校区坡度较大，100%的问卷选择此项。

③在"山地自然表现""校园精神""人文意境"方面，四川美术学院虎溪校区的选择明显较高，达60%~100%，显示出艺术专业对景观中思想文化表现的重视及校园本身环境对学生价值观的影响。重庆大学虎溪校区、重庆工商大学南岸校区为理工类、金融类学校，学生思维以理性为主，对此方面的意识相对较弱。

总体而言，仅"网络信号覆盖"在各校园均不认为是影响步行空间品质的重要因素。按层次分析法，将其余因素归纳为9个问卷选项，分别为：S1 地形适应，S2 人车关系，S3 步行可达性，S4 景观步行空间，S5 建筑步行空间，S6 行为多样性，S7 山地自然意象表现，S8 校园人文意象表现，S9 步行过程意象体验。

问卷的选项列表见表2.3。

表2.3 问卷选项表

编号	评价因子	备注
S1	地形适应	步行空间与地形地貌的协调
S2	人车关系	步行与车行空间的分离与协同
S3	步行可达性	主要功能场所间步行通行的可达程度
S4	景观步行空间	广场、庭院、登山道等景观步行空间与山地的关系
S5	建筑步行空间	中庭、连廊、屋面平台等建筑步行空间与山地的关系
S6	行为多样性	对多种行为的兼容性和活跃度
S7	山地自然意象表现	对山地自然意象的表现
S8	校园人文意象表现	对校园精神意象的表现
S9	步行过程意象体验	步行者在行进动态过程中对山地校园意象的感知体验

2.3.3 评价因子权重

对6所高校学生进行问卷调研，要求学生对9项因子进行重要性排序，按重要性分别计

1~9分。在各校园问卷中随机抽出50张有效问卷进行统计,结果见表2.4。

表2.4　各因子重要性

序号	评价因子	重庆大学 B区	重庆大学虎溪校区	四川美术学院虎溪校区	四川外国语大学新校区	重庆工商大学南岸校区	重庆理工大学花溪校区	平均
S1	地形适应	8.363	6.114	7.459	7.255	6.811	7.899	7.317
S2	人车关系	5.163	5.997	2.793	5.066	5.128	4.879	4.838
S3	步行可达性	7.124	8.214	6.483	6.234	8.323	6.544	7.154
S4	景观步行空间	4.283	7.911	4.954	6.753	4.876	4.488	5.544
S5	建筑步行空间	4.358	5.655	5.785	5.321	1.113	3.857	4.348
S6	行为多样性	5.977	4.596	2.995	4.342	3.119	5.323	4.392
S7	山地自然意象表现	2.679	2.654	4.768	4.221	2.998	5.458	3.796
S8	校园人文意象表现	5.032	2.511	5.967	3.598	5.655	3.548	4.385
S9	步行过程意象体验	3.235	1.331	3.756	2.119	2.98	2.995	2.736

　　不同校园中学生对各因子的重要性评价有很大的相似之处,在某些因子方面也有不同。如"地形适应""步行可达性"的重要性评价值普遍较大,"步行过程意象体验"的重要性评价值普遍较小,反映出学生对校园步行空间系统基本的功能性层级最为重视,精神性层级的重要性靠后。某些因子的重要性评价根据校园的不同有较大差异,如对于人车关系,在重庆大学B区等被认为较为重要,在四川美术学院虎溪校区被认为不是重要因素;"自然意象表现"在四川美术学院虎溪校区、四川外国语大学新校区、重庆理工大学花溪校区中被认为较为重要,其余高校则认为不是重要因素。

　　根据因子的重要性均值建立构造判断矩阵,以获取各因子的权重。本模型中有S1到S9共9项因子,设 C 为数量性数据,分别为 $a_1, a_2, \cdots, a_9$。以 b_{ij} 表示 Si、Sj 两者之间的相对重要性程度,公式如下:

$$b_{ij} = \frac{a_i}{a_j} \tag{2-1}$$

采用方根法求权重向量 W_i,公式如下:

$$W_i = \frac{\sqrt[n]{\prod_{j=1}^{n} b_{ij}}}{\sum_{i=1}^{n} \sqrt[n]{\prod_{j=1}^{n} b_{ij}}} \tag{2-2}$$

根据式(2-1)、(2-2)得出构造判断矩阵见表2.5。

表2.5　构造判断矩阵

	S1	S2	S3	S4	S5	S6	S7	S8	S9	W_i
S1		1.512	1.023	1.320	1.683	1.666	1.928	1.669	2.674	0.164

	S1	S2	S3	S4	S5	S6	S7	S8	S9	W_i
S2			0.676	0.873	1.113	1.102	1.274	1.103	1.768	0.109
S3				1.290	1.645	1.629	1.885	1.631	2.615	0.161
S4					1.275	1.262	1.460	1.264	2.026	0.125
S5						0.990	1.145	0.992	1.589	0.098
S6							1.157	1.002	1.605	0.099
S7								0.866	1.387	0.085
S8									1.603	0.099
S9										0.061

对矩阵进行一致性验算,设最大特征根为 λ_{max} ,一致性指标为 CI,一致性率为 CR,RI 是作为修正值的自由度指标,计算公式如下:

$$\lambda_{max} = \sum_{i=1}^{n} \frac{(CW)_i}{nW_i} \tag{2-3}$$

$$CI = \frac{\lambda_{max} - n}{n - 1} \tag{2-4}$$

$$CR = \frac{CI}{RI} \tag{2-5}$$

RI 的取值见表2.6。

表2.6 RI 取值

维数(n)	1	2	3	4	5	6	7	8	9
RI	0.00	0.00	0.58	0.96	1.12	1.24	1.32	1.41	1.45

本模型中,RI=1.45,得出 CR=0<0.1,说明步行空间系统的满意度构造判断矩阵一致性符合要求。

因子权重结果中,步行空间系统的山地适应性与可达性重要性最高,是系统设计的最关键因素,步行过程中的意象体验重要性最低。学生对系统的形态与山地环境的关系、日常步行的基本需求最为关心,更高层级的精神层次被列为次要因素,符合马斯洛心理需求层次理论,表明了学生对步行空间系统认知的合理性。

2.3.4 满意度对比

采用语义分析法,对学生进行步行空间的各因子满意度和整体满意度的问卷调研。各因子的评价分为很不满意、较不满意、一般、较满意、很满意 5 个等级,分别以 1 到 5 的数值表示。运用模糊评价法,由各校园因子满意度和各校园因子权重得出的各校园独立加权数值,通过各校园因子满意度和综合因子权重得出各校园综合加权数值,与调研直接得出的各校园整体满意度数值比较,验证调研方法的合理性,并对结果加以分析。

调研结果见表2.7。

表2.7　各校园评价因子满意度

编号	评价因子	重庆大学B区	重庆大学虎溪校区	四川美术学院虎溪校区	四川外国语大学新校区	重庆工商大学南岸校区	重庆理工大学花溪校区
S1	地形适应	2.94	4.18	4.67	2.93	2.80	4.23
S2	人车关系	2.18	3.24	3.67	3.21	2.03	3.54
S3	步行可达性	3.38	3.11	3.43	2.37	2.10	4.56
S4	景观步行空间	2.85	4.35	4.45	2.30	2.85	3.27
S5	建筑步行空间	2.74	3.21	3.98	2.57	3.16	3.65
S6	行为多样性	2.15	3.56	3.11	2.23	2.87	3.12
S7	山地自然意象表现	2.03	3.54	4.47	3.23	2.63	4.23
S8	校园人文意象表现	1.68	3.87	4.86	2.20	1.63	2.43
S9	步行过程意象体验	1.67	2.51	4.32	1.98	1.25	4.34
	整体满意度	2.34	3.88	4.37	2.93	2.44	3.73

得出的各校独立满意度加权值及与整体满意度的误差见表2.8。

表2.8　各校园独立满意度加权值与整体满意度对比

名称	重庆大学B区	重庆大学虎溪校区	四川美术学院虎溪校区	四川外国语大学新校区	重庆工商大学南岸校区	重庆理工大学花溪校区
各评价因子加权	2.53	3.60	4.19	2.60	2.30	3.79
整体满意度	2.34	3.88	4.37	2.93	2.44	3.73
两者误差	7.97%	7.23%	4.13%	11.14%	5.89%	1.66%

由各校因子取得的独立满意度加权值、由综合因子取得综合满意度加权值与调研直接取得的整体满意度三组数据基本一致。两种方法取得的结果误差均很小,证明了运用本调研方法的合理性。

2.3.5　山地大学校园满意度分析

通过比较分析,发现学生对校园步行空间系统的满意度具有以下特征:

地形适应被普遍认为是系统设计最关键的因素,在各校园调研取得的加权系数均较高。这里包括宏观总体形态,各景观或建筑步行空间元素对地形的适应。直线网格、较长的轴线被认为与山地环境不适应。利用起伏的地形和特殊地貌所构成的具有趣味性的步行空间元素受到学生喜爱。

可达性受到较大关注,但许多校园存在可达性满意度偏低的情况。除校园规模外,可达性还明显与地形起伏相关。当步行路径的起伏较大时,可达性快速降低。

景观步行空间与建筑步行空间同样受到关注,两者平均加权系数相似。在重庆现有高校校园中,景观步行空间是校园步行空间的主体。建筑步行空间比重较小,但学生在校内的大部分时间仍在建筑中进行,对建筑步行空间的使用频率较高,其中的服务设施更加齐全,具有更强的活动丰富性。总体而言,大部分学生认为步行空间的活动丰富性较低,缺乏支撑多样行为的环境。

对步行空间中校园文化表现的满意度差异较大。一些校园在从宏观到微观的各个尺度下,将步行空间与山地自然、校园精神充分融合,较好地表现了校园人文意象,突出了校园特色,得到较高的满意度。一些校园步行空间与绵延的山形缺乏呼应,与山体的关系较为生硬。对植被破坏较大,人工痕迹过多,在山地自然意象方面表现较弱,大量学生表示没有感受到步行空间对校园文化的表现,满意度较低。

3 山地高校校园步行空间系统设计研究

3.1 山地高校校园步行空间设计方法研究

3.1.1 共生性理论的内涵

"共生"（symbiosis）的概念来源于生物学领域。1879 年,德国真菌学家德贝里（Anton de Bery）提出共生概念,将其定义为不同种属在一起生活,形成相互性的活体营养联系。此后,众多生物学家对共生现象展开深入研究,取得重要进展。如 Feank 和 Pfeffer 分别在 1885 年和 1887 年提到真菌与森林树木根部形成的菌根可能为共生作用;Weiben 在分析榕树和榕小蜂进化的 DNA 和形态学数据后,得出两者的系统发育关系基本一致。一些学者提出共生体不应限于两个有机体的搭档关系,以更大的生态系统观定义各类生物与外界环境间的能量交换和物质循环。如生物学家 Scott 在 1969 年将共生定义为两种或多种生物生理上彼此需要的平衡状态,提出共生关系是生物体全生命周期的特征,致力寻找共生各方的物质联系;Schwarz J A、Weis V M 在 1982 年将共生定义为几对合作者间的稳定、持久、亲密的组合关系。

至今,生物共生学已发展为一门崭新的系统性学科,成为生物学研究的基本工具之一,在国际上广泛展开交流。在植物学、动物学和微生物学中均借助共生概念和方法,研究生物种间关系及与环境的关系。1997 年,国际共生协会（International Symbiosis Society）在美国马萨诸塞州伍兹霍尔成立,其目的是促进各国共生研究人员在各自领域的交流,并加强与其他相关领域,如生态学和一般生物科学的联系和沟通。

共生生物学的内涵可表达为一种系统描述生物种间关系和生活与环境关系的方法论。就某一种生物而言,其所面临的环境是生物圈或生物链,如其能主动改造环境,并使其他物种有利于它自己的生存,构成唇齿相依、互为有利的关系,即不断增强其他物种相对自己的可依赖性,则相比只能一味依赖其他物种构成的外在环境取得生存的生物更具有长久良性发展的可能。从物种的内外关系角度,根据环境寻找自身生存空间的物种受到物种内部和外部的双重被动竞争,根据自身需要,主动寻找或创造生存环境的物种,面对的是主动适应于其他物种所构成的环境,再与其他物种竞争并主动产生影响,最终有利于自己的生存。

（1）社会学内涵

20 世纪中叶以来,共生理论不再为生物学领域独享,逐渐渗透到包括社会学在内的诸多领域。这些领域认为共生关系是改善社会发展进步的必由之路,在借鉴和吸取共生生物理论的过程中,逐渐形成各自领域内的重要思想武器。柯勒瑞（Caullery）和刘威斯（Leweils）分别在 1952 年和 1973 年提出共生、互惠、寄生、同住及其他有关生物体间相互关系的概念,并将其延展到社会领域;花崎皋平在 1993 年出版了《主体性与共生的哲学》,分析了生态学中的共生思想与社会哲学中的共生思想的区别,探索为生活的具体场景构建的"共生的道德""共生的哲学"的可能性。尾关周二在 1994 年出版《共生的理想》,主张区别共生和共同两个概念,认为"共同"含有当事者共同的价值、规范和目标的含义,"共生"是以异质者为前提的讨论,正因为差异的存在,才使相互间具有"相互生存"的关系。

21 世纪后,我国关于共生性的社会学理论研究逐渐增多。吴飞驰提出个体、社会、自然三者间存在两两相互依存的共生关系,人的本质是在共生关系中寻求自身平衡,不断完善自己;胡守钧于 2006 年出版《社会共生论》,提出共生是人类的基本生存方式,为使社会得以改善,一方面需要以共生论为指导进行资源分配,另一方面是认识到人类是自然的寄生物,应与自然建立报答式的反馈机制,与自然和谐共生。

共生社会学的内涵可表达为以实现人类社会的全面发展为目的,以改善人类社会内部关系以及人类社会与自然关系的方法论。人是社会主体和核心,人为了满足自身的需求从事各种活动,创造丰富的社会形态。在此过程中,人的自身发生着变化。当人的智力、体力、创造力和各种潜能得以持久全面发挥的时候,才能表明社会是在向前发展的。这种发展是通过社会与自然、人与人之间、社会单元之间的关系实现的,其根本运作基于共生机制。其中,人与自然的共生是社会良性发展的基础,既要摈弃"人类中心主义"的观点,也要反对"非人类中心主义"的思想,应在肯定人类自身生存和发展的基本利益前提下,平衡自然的利益,在关注社会发展的同时,保持整体的协调发展。

（2）规划建筑学内涵

20 世纪中叶,北美和欧洲主要发达国家逐渐步入后工业时代,出现了对城市建设和社会发展中片面追求生产力的提高,过度追求生产效率的问题进行了深刻反思,出现了大量关于城市空间与自然、与社会、与都市意象等共生的理论,包括景观都市主义、空间社会学以及以黑川纪章为代表的"共生城市"等。

景观都市主义是针对在工业革命极大提高社会生产力的同时,在许多方面超出了地球的承载力,对自然环境造成极大破坏的情况,提出基于现代"景观"定义,主要强调城市空间与自然共生,重组都市结构的理论。1962 年,蕾切尔·卡逊（Rachel Cason）出版了《寂静的春天》,唤醒了公众对环境污染的关注。1969 年,麦克哈格（Ian Lennox McHarg）出版了《设计结合自然》,总结生态哲学思想和设计理论,提出协调人与自然、社会与环境、设计与场地三方面关系的设计思想。2004 年,莫森·莫斯塔法（Mohsen Mostafavi）主编出版了《景观都市主义:景观发生器的使用手册》,收录了詹姆斯·康纳的《景观都市主义》,宣告了景观都市主义作为一门新学科的诞生,并提出其更多作为一种对待都市的态度和思考方式,而非某种风格。景观都市主义理论将自身定义为描述自然系统与建造系统互动构成城市形态的实践,不强调空间的具体功能,以弱控制适应城市不可预见的动态和复杂转变。"景观"被重新定义,不再被解读为单纯的景色或城市与建筑的衬景,从一个地理概念延伸到社会、政治、生态等层面,以面域作为基础,通过不同尺度的操作将建筑设计、城市设计和传统景观设计间的断裂联系起来,提供一个具有层叠性、开放性和不确定性的设计研究模式。

空间社会学在后现代思潮中诞生,引导了 20 世纪 90 年代后期的社会学空间转向,利用空间方法将微观与宏观,能动与结构进行融合,实现空间、时间、社会三元共生的社会学研究。此类研究被建筑规划领域吸收,反作用于空间的设计理论中。1961 年,简·雅各布斯(Jane Jacobs)在《美国大城市的死与生》中对纽约、费城等美国大城市进行考察,深入分析都市空间元素在城市生活中发挥的作用和方式,提出基于城市复杂性的发展思路,为评估城市活力提供基本框架。20 世纪 60 到 70 年代,十次小组(TEAM X)批判功能分区下的城市及建筑思路,倡导反映社会网络的空间系统,革命性地改变传统建造模式和尺度,希望通过巨构的形式重塑街道的社会功能(图 3.1 为史密森事务所,柏林赫塔地区规划,1958;图 3.2 为坎迪里斯-约西齐-伍兹事务所,德国波鸿大学方案总平面局部)。2010 年,扬·盖尔在《人性化的城市》中通过对人与公共空间社会性联系的观察,提出如何通过街道、广场等空间塑造适于步行、停留、社会交往的,充满活力的城市。基于空间社会学的规划设计理论,主要关注于公共空间与城市形态的关系,公共空间与流动性的关系,不同形式公共空间与行为的关系等。

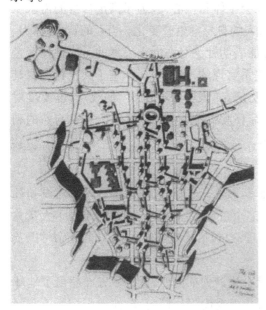

图 3.1　史密森事务所,柏林赫塔地区规划,1958

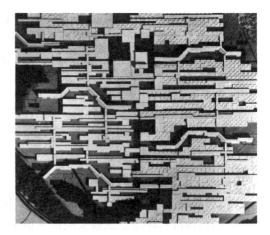

图 3.2　坎迪里斯-约西齐-伍兹事务所,
德国波鸿大学方案总平面局部图

由日本建筑师黑川纪章提出的"共生城市"是建筑规划领域中,对共生性理解较为全面系统的理论。该概念的形成经历了三个阶段:20 世纪 60 年代的新陈代谢和开放结构概念,20 世纪 70 年代的中介性和模糊理论,20 世纪 80 年代后对供水功能概念的补充和完善。其倡导的"共生"哲学主要表现为异质文化共生、人与技术共生、内外部共生、部分与整体共生、地域与普遍共生、历史与未来共生、理性与感性共生、建筑与自然共生、人与自然共生等多个方面,涵盖了时间、地点、材料、形式、意识等一切可能存在的物质和非物质要素,通过消解其间的对峙状态来探寻一种相互共存的平衡,并将其定义为"机器原理时代向生命原理时代的转向"。该理论反对机械二元论的城市功能分离,硬性划出商业区、住宅区、工业区、公园等的模式,认为21世纪的城市特征是共生混合功能的普遍存在,同时,建筑和城市还应反映该地区的自然环境和文化特征。表3.1为机械时代与生命时代特征对比。

表 3.1　机械时代与生命时代特征对比

时代类型	机械时代	生命时代
时代特征	工业化社会	信息社会
理论基础	二元论	对立元素的共生
	理性主义为中心的人本主义	感性与理性的共生
	西欧文化霸权	异质文化的共生
时代要点	生产率	可持续发展
	"普世价值"	地域性
	平等性	生态网络
	层级性	扁平化

3.1.2　研究对象的启示

共生性理论,尤其是规划建筑学中的共生性思想以空间设计与自然、社会共生为目标,在对立与矛盾的状态下,建立一种富有创造性的关系,形成和谐统一、相互促进、共存共荣的命运共同体,对山地高校步行空间系统的设计研究有重要的启示作用。

步行空间本身是"共生性"规划建筑设计研究的重点。黑川纪章在"共生城市"理论中将东西方城市中的步行空间作为研究的重点,对两者进行对比,总结出东方城市空间以街道为主,西方城市空间以广场为主的特征。东方城市街道的活动具有多样性、复杂性,并向两侧建筑内部渗透;西方城市中广场是市民交流的主要空间,街道的作用相对单一。在分析现代城市的高度流动性、分散与集中并存、等级与中心消失、混杂的功能分区、水平延展等特征后,认为街道是城市关键的中间领域,提出发扬兼容并蓄、多价共生的街道空间,以传承优秀的东方规划思想,创造富有生气的街道。福科(Michel Foucault)认为,城市的街道是一种确实存在的真实空间,构成了社会的基础。舒尔茨(Norberg-Schulz)认为,在这样的空间中,个体能找到在发展过程中与他们共有,并使自身得到最佳同一性感觉的结构化整体,刺激人们的交流行为,对在其中玩耍的儿童起到同化的作用。

高校步行空间系统既是城市步行空间的一部分,也是城市步行空间系统的一种缩影,是校园规划、建筑、景观等设计的综合产物,也是校园长期发展演变的结果,与自然、社会、教育、经济等因子形成相辅相成的共生关系。随着高校学生人数大幅增长,人员流动问题成为新的设计关注点之一,步行系统在校园设计中愈发得到重视。系统中的活动具有高度的流动性和混杂性,比任何其他校园场所都可能出现最多类型的人、行为和最不可预知的事件。

步行者在其中通行、娱乐、社交、休息,促进了各种服务设施的聚集,丰富了空间的内涵。在当代高校教育理念、社会角色不断发展的情况下,共生性设计研究可成为顺应时代变化的有效途径。

　　重庆山地高校校园中,步行空间系统既是绝对主要的交通通行路径,又是校园的空间骨架、多种行为发生的容器、形象展示的重要载体,也是保护自然环境、延续地域文化特征的有力途径。这些特质使其可作为山地高校校园设计的重要切入点,从而得到更加适应山地环境的高校校园设计模式。共生性设计的研究应从不同角度切入。首先,山地的自然环境特征是步行空间系统设计的基础,保障与自然共生是实现与其他因素和谐的前提。重庆地区特殊的山地地理气候特征既不同于平原地区,也与其他山地区域有一定的区别,是设计不可忽视首要因素。其次,步行空间系统是容纳人的步行空间及其伴生行为服务的空间载体,密切联系校园其他由人工创造或定义的各类场所空间。步行空间与校园其他空间场所相互联系,相互影响,共同构成多元的运行机制。最后,步行空间作为校园最重要的公共空间,充分表达着校园的人文意象,不仅应从物质的角度,还应从非物质角度讨论其与精神层面的共生性。重庆地区拥有独特的人文环境,对高校校园步行空间系统的营造产生长期影响。

3.1.3　研究方法的启示

　　共生性设计由共生环境(E)、共生单元(U)、共生模式(M)三大要素组成。任何共生关系都是由这三要素间相互作用的结果。共生环境是重要的外部因素集合,对共生单元和共生模式产生制约;共生单元指形成共生结构的本体,是共生性的基本形态;共生模式指共生环境下事物实现其共生性的方式,即黑川纪章强调的富有创造性的关系,图3.3 为共生关系三要素示意图。

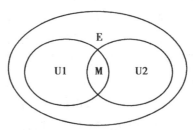

图3.3　共生关系三要素示意图

　　本研究中的共生环境是指对步行空间设计产生影响的自然环境和社会环境,人文环境及大学生的行为特征;共生单元是指步行空间及与之发生关系的自然要素、人工要素、文化要素和大学生行为要素;共生模式是指步行空间与其他共生单元取得共生的方式,是本研究讨论的重点。作为一套独特、全面、精细的研究不同主体间关系的方法论,共生性通过对不同主体间关系的分析并取得改善方法,优化整体系统。在研究方法上,具有系统性、个性化、人文性、质化与量化结合等特征。

　　系统性是共生性理论研究的核心,指必须以系统的观念组织研究对象,将零散的因素有序整理、编排,形成具有不同层级的、相互关联的整体。研究应基于系统所处的层级,讨论不同层级下各要素间的关联,按照课题的外延和内涵进行研究,突出重点,避免因子间复杂关系的混淆。1999 年,吴良镛先生出版了《广义建筑学》,指出建筑学所包含的内容和建筑师的职责随时代的发展而不断变化,当代建筑学的核心观念是在综合的前提下予以新的创造,以城市设计为核心,将建筑学、地景学、城市规划学进行整合,提出"融会贯通"的综合研究方法,提倡基于巨系统的整体性思维,将相关问题分解为相互联系的子目标。重庆山地高校校园步行空间系统也应作为一个复杂的巨系统。从校园整体来看,步行空间系统从属于校园的整体系统,是校园运行中的一个因子;从步行空间系统本身来看,系统由多个元素构成,各元素成为系统的一个因子;单个步行空间系统元素又是由本体、界面、环境等因子组成。在不同层级下的因子与其他要素产生的共生性关系不同。

个性化是共生理论的研究指向。强调根据地域条件、时代背景、经济基础的不同,选择合理、适宜的发展道路和模式。共生性研究不强调对事物的确定性,以中介、弹性的概念容纳包含时间维度的多样性活动,反对中心的支配作用,倡导单元特征和流动性的价值。重庆山地高校校园步行空间系统具有独特的地域条件,面临着高校不断发展完善及城市经济迅猛发展的宏大背景,应充分考虑各种设计要素,形成具有个性特色的共生性设计理论。

人文性是共生理论的高层次需求。人文因素的共生强调非物质要素在系统发展过程中的积极作用与重要意义。在国际化发展日益迅猛的情况下,全球各城市均出现不同程度的、从空间到生活模式等不同层面的同化。如何在现代化进程中,保持自身独特的身份特征,成为各城市面临的主要问题之一。步行空间系统是高校校园人文精神表现的主要场所之一,其社会价值观念、审美情趣等因素不仅影响学生思想的形成,直接决定了校园乃至城市的形象内涵和发展方向。在研究中,不仅应关注于物质空间的构成,还应重视对校园人文精神意象的影响。

计算机科学的发展,给空间与社会、空间与经济、空间与美学等关系的数据化定量研究提供了可能。希利尔(Bill Hillier)从图论的角度,寻求物质空间结构与社会联系的关联,提出空间句法,以连接值、深度值、控制值、集成度和可理解度五个方面定量描述构型,用抽象的方法将社会空间和具象的物质空间结合起来,在全球范围内产生巨大、长远的影响。Mariaflavia Harari 在其博士论文中,讨论最远点到中心点平均距离、任两节点间距离、两点最大距离等城市形态与城市的经济、人口密度、房价等关联,发现其中存在一定的可量化的规律。龙瀛通过多种数据挖掘方法,分析城市网络形态与街道的可步行性、公共活力之间的关联,将空间句法运用到园林设计当中,提出游憩感受与空间变化的定量联系。

3.2 重庆山地大学校园步行空间系统的共生环境

共生环境是共生关系存在的基础和前提条件。重庆山地大学校园步行空间系统的共生环境可分为自然环境和社会环境。

3.2.1 步行空间与自然环境的共生

自然生态是一切文明发展的基质,是造成不同地域间文明差异的主要因素。重庆地区具有丰富而独特的山地地域特征。不仅与地区内的地理特征相关,更与人们对区域的心理认知相联系,对地区建造方式产生深刻影响。

(1)多山的地形

重庆全域几乎均为山地,山谷交错、水系密布、地貌复杂,山地占76%,丘陵占22%,河谷平坝仅占2%。海拔差异较大,海拔500 m以下的区域占总面积的38.61%,500～800 m占25.41%,800～1 200 m占20.42%,1 200 m以上占15.56%。总地势为东南部和东北部高,中部和西部低,由南北向长江河谷逐级降低。东部与东南部集中分布喀斯特地貌,有石林、峰林、洼地、浅丘、溶洞、暗河、峡谷等特色景观(图3.4为重庆地质构造示意图)。

重庆地区地跨扬子准地台和秦岭地槽两大构造单元,除华蓥山大断裂和长寿基底断裂外,无其他大断裂发育,地壳稳定性较好。但特有的地理、地质、气候条件,为崩塌和滑坡的发育和发生提供了必要的物质基础、边界条件和自然动力。仅重庆主城范围内,存在13个地质灾害带,包括嘉陵江北岸的盘溪危岩带,忠恕沱—猫儿石危岩滑坡带,适中村危岩带,嘉陵江南岸的思源村危岩带,土湾—红岩村危岩带,化龙桥—李子坝危岩滑坡带等。

图3.4　重庆地质构造示意图
资料来源:重庆地质信息资料

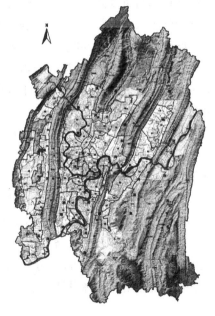

图3.5　重庆都市区水系分布图
资料来源:重庆地质信息资料

(2)丰富的水文

重庆水资源丰富,除长江、嘉陵江干流外,其他二级、三级支流水系密度较大,湖库湿地星罗棋布(图3.5为重庆都市区水系分布图)。长江与嘉陵江穿越主城内部,南有乌江流入,形成向心不对称的基本水体状况。长江自西向东贯穿全境,流程约665 km,横穿巫山三个背斜。长江三峡中的瞿塘峡、巫峡在重庆境内。山地雨水汇流较平原地区具有复杂性,并易产生灾害。雨水在坡地流速加快,汇流时间缩短,洪峰相应提前,易诱发洪涝灾害。径流流向受地形影响,不总是沿既定通道排入自然水体,地势低洼处易遭受水淹,部分雨水径流会沿岩层中的缝隙流动,难以控制。都市区地表土壤以紫色土、水稻土为主。紫色土结构松散,入渗能力强,极易受到冲刷,造成丰水期各流域水土流失量大。其中,7—9月径流输沙量占全年的90%。

河流水质基本良好。由于城市的发展,部分支流缺乏管理或设施欠缺,导致氨氮、高锰酸钾指数、总磷、五日生化需氧量等指标超标严重。pH值较低的水如长期在岩石表面储存,或随缝隙渗入岩石中,会腐蚀岩石,造成建筑基础不稳定,造成安全隐患。

水资源季节分布不均。水资源总量约570亿 m^3,其中地表474亿 m^3,地下96.39亿 m^3。河床受季节影响较大。在陡峭地段,切割程度大,沟系强发育,降水迅速向沟壑、水溪汇流,易形成较强的地表径流,如遇强降水易汇成洪水。由于降雨受季节变化影响,河流易为季节性水流,在旱季河槽水量少甚至干涸。河床一般下切发育,河岸坡度大,水流湍急,洪水涨落变幅大。

(3)基本宜人的气候

重庆位于北半球副热带内陆,属亚热带季风性湿润气候,在我国建筑设计气候分区中的夏热冬冷(Ⅲ类)地区,主要气候特征为冬暖春早、夏热秋凉、四季分明、无霜期长。年平均气温在18 ℃左右,受副热带高压及河谷地貌影响,夏季炎热,7月日最高气温可达35℃以上,常有气温超过42℃,且空气湿度较大,产生焚风效应,少风甚至无风,散热能力差。除夏季外,其余季节仍较为宜人,如冬春两季,气温一般较同纬度下长江中下游地区温暖,春早现象明显。同时,山地地理特征导致其立体气候、小气候特征明显,气候资源丰富,气象灾难频繁。降水充沛且时空分布不均,秋多阴雨,冬多云雾。年日照时数1 000到1 400 h,日照百分率仅为25% ~35%,其中冬春日照更少。

(4)多样的动植物

重庆位于我国亚热带常绿阔叶林带,川东平行山脉多原始森林。20世纪50年代,长江上游森林覆盖率为30% ~40%,至20世纪末降至不足10%,破坏严重。重庆直辖后,致力于生态的恢复和改善,至2020年,重庆地区森林覆盖率可达51%。重庆主要自然植被类型包括常绿阔叶林、暖性针叶林、落叶阔叶林、常绿落叶阔叶混交林、针阔叶混交林、竹林、落叶阔叶灌丛、草丛等8种类型。其中,暖性针叶林分布最广,包括缙云山、中梁山、铜锣山等山脉,海拔250 ~800 m。常绿阔叶林分布在缙云山、中梁山、铜锣山海拔500 m以上的斜坡、山脊。

良好的植被会吸引野生动物的到来,以其形态、色彩、声音等为校园带来生机。最易出现的野生动物为昆虫,如蝴蝶、蜜蜂等。水体中常出现鱼类及两栖动物,如鲤鱼、青蛙等。在一些区域,还可能出现四足野生动物,如兔子、松鼠等。鸟类在校园中较为普遍,尤其是一些候鸟,如燕子、画眉、喜鹊等。近年来,活体动物元素在校园景观中的运用逐渐增多,某些动物被特意设计到景观当中,与静态的景观元素形成互补。

3.2.2　步行空间与社会环境的共生

(1)对地域文化的挖掘

重庆在改革开放尤其是直辖以后,由于三峡工程及在西部大开发中的主导地位,经济得到了飞速发展,地域人文有了新的内涵和目标。巴渝本土文化开始得到重新认识和深度发掘,艺术创作更注重挖掘地域艺术特色,重视地域背景事件,以取得突出的全国效应乃至全球效应。

重庆特有的山地特征孕育出独特的本土文化。在历史长河中,本土文化不断受到外来文化的影响,丰富和壮大了自身的文化内涵,同时,也面临着被强大的外来文化侵蚀和同化的危机。

在古代,巴人生活在大山大川之间,受自然熏陶和险恶环境锻炼,培养出一种坚韧、顽强和彪悍的性格,造就了巴渝文化顺应自然、尊重自然、勇往直前、奋斗向上的精神特征。在不同的历史时期中,这一直是重庆文化的核心。

随着商贸交流的增加,长江等多条水系的汇集使重庆成为西南地区最重要的水路交通枢纽,一系列滨水区域逐渐发展为以水陆交通、商贸、政治为主体的城镇。在四川盆地、长江流域其他文化长期的交流中,形成了重庆特有的市井文化和码头文化(图3.5为增广重庆地舆全图)。

图3.6　增广重庆地舆全图
资料来源:《重庆古地图集》

重庆开埠至解放,经历了封建社会衰落灭亡、资本主义兴起、抗日战争、解放战争等重大历史变革,奠定了在中国近代史上不可替代的重要地位,逐步由农业社会中的地区政商中心、军事重镇,发展为具有国际影响力的城市。

(2)对高教本质的争论

近年来,高等教育学理论界出现了关于我国高等教育本质应走向"认知论"和"适应论"的争论。"认知论"认为,从理性分工的角度,高等教育本质是一种知识再生产的活动,应首先符合认知理性发展的要求。高等教育研究应将世界的未知作为永远的学术前进方向,而非像企业或政府专职研究机构那样,指向能直接与生产实际相联系的研究成果。认知理性应在教学科研中占有核心地位,而非以实践理性为主导的"适应论"。部分学者对高等教育"适应论"的工具性提出警示,认为其偏离了追求真理的初衷,成为实现某些利益的手段。

实际上,这种争论由来已久,美国教育家布鲁贝克在《高等教育哲学》中提出,高等教育发展中长期存在两种不同的哲学观,分别是"认知论"和"政治论",高等教育如同一个钟摆,在两者间来回摆动。主流观点认为,在我国当前形势下,"适应论"仍应是高等教育发展的必然趋势。一方面,教育完全依附或完全脱离政治或经济同样不可取,应着眼于政治与学术间的互动,足够理性地寻求双方的合理距离。另一方面,高等教育已不再是象牙塔里的精英教育,不能普遍按照"闲逸而好奇"的模式来运行,教学科研活动已从"单边式""大学主体"转向不得不依靠大量政府资金和社会资本,而这些资本的投入不可能是完全没有条件的。这样的运行模式让高等教育必然成为社会大系统中的一个子系统。

按较为公认的观点,对我国当代高等教育的"适应论"的理解应是广义的,不仅是对社会经济发展的适应,也要担负高校的社会责任,积极引领和改造社会经济的发展。但"认知论"的争辩也标志着我国高等教育的思想性、批判性的增强,引发了对我国高等教育本质的诸多思考,社会的互动不是对社会的过分迁就迎合,不能随外界政治风向或社会风尚而盲转、乱转。高校应作为时代的表征,在有所坚守、有所执着的前提下,反映一个时代的精神。

(3)对交流交往的重视

自20世纪80年代以来,学科间交流交往的重要性成为我国科技界、科教管理部门的共识。跨学科研究作为当今广泛运用的研究范式,成为现代学科发展的基本路径。通过合理的、立体的跨学科研究框架的建构,更加符合人类对世界的整体认知,有利于解决相互联系的自然和社会问题。在中国科学院知识创新工程试点、国家自然科学基金和科技部计划中,都大力推进学科交叉。21世纪初,由100多位科学家提出有关100个交叉科学议题,出版了《21世纪100个交叉科学难题》一书,宣告了我国科技政策的重大方向转变。

学科交叉以共生为核心理念,通过制度创新实现高效的人力、物质、能量和信息的多向流动,创造新的价值。在交叉机制内部,各种资源以互惠互补为原则建立共生组织结构,由过去仅靠从内部积累资源,转换到通过合并、兼并及市场竞争的方式获取资源的战略。高校间、学科间的合作与竞争并存,由外部性的淘汰性竞争变为内部化的合作性竞争;竞争的个体变得更为庞大、综合;竞争的强度更加激烈。最终,以实现具有竞争力优势,而非资源总量优势的高等教育结构为目的。

对于个体成长而言,交流交往具有重要的意义。雅思贝尔斯深入探讨了交往理论在教育领域中的价值与运用。认为教育本身是人与人之间物质和精神交流的活动,通过平等关系的信息传递,实现精神的契合和文化的传承,让学生主动地、最大限度地发挥自身天赋,使内部灵性得以充分发展,而非理智知识和认知的堆砌。该观点建立在人的自由属性之上,将教育作为自由的精神间彼此联系、共同成长的过程,并将该过程作为大学四项重要任务之一。在精神的成长之后,科学的知识才能被吸收到精神的各种观念性的整理当中。讨论和合作是实现交往的重要方式,通过听取别人的哲思活动,对自己的思想再梳理,获得新的见解,达到共同追求真理的宁静境界。

一些学者提出生态高等教育交往观的理念。生态学原理作为探求生物与环境和谐共生、彼此促进的理论,与高等教育具有相似的机制和内涵。通过与事物亲近、同情的审美态度,对工具理性膨胀和虚假需求造成的弊端进行调节和制衡,适应个人自身可持续发展的需要。自我与他人的对话是教育生存的基本条件,在不同声音的相互争论过程中获得彼此的理解和认同。最终目的是表达和升华情感,激发个体活力,开启心智,完善人格。同时,在新技术革命、知识经济和后工业文明时期,多元共生、主体间彼此交往将构成社会运行和发展的必然模式。对学生交往能力的培养,成为教育的重要环节。

(4)对人文精神的呼唤

人们在享受科技进步的同时,已逐渐深刻意识到其给社会带来的负面影响,从而呼唤科技的掌控者和使用者具有高尚的思想情操和社会责任感,抵御短视的功利性。此外,顶尖人才与原创性成果的诞生,从某种意义上来说也是一个人文的过程,需要科学精神和人文精神融合,以实现更高水平或更综合的思维。

人文精神体现为较高的道德水准、正确的价值准则、健康的审美意识。许多国家在各自的高等教育中,将人文教育作为传统的核心。如英国将博雅教育作为一种人文主义理想,认为大学生的教养比高深的学识更重要。哈佛大学在1945年提出"一般教育方案",包括多个人文课程;20世纪80年代,人文科学基金会又提出《必须恢复文化遗产应有的地位——关于高等人文学科的报告》,强调了以历史、哲学、文学等学习为基础的重要性。欧内斯特·博伊提出应充分利用校园内的各种学习条件建设大学社区,包括餐厅、运动场、夜晚的啤酒吧等,使学术生活与非学术生活融为一体,让学生时刻感受到校园的文化氛围、审美情趣和价值取向。联合国教科文组织国际教育发展委员会在《学会生存》中提出"走向科学的人道主义"教育目的观。

我国拥有"世界上最古老的、最长久的人文主义传统"。《大学》开篇提出"大学之道,在明明德,在亲民,在止于至善。"孔子的"君子不器"和《礼记·学记》中的"大道不器"在如今看来过于贬低了"器"的文化,但也突出古代文人对"道"的重视。

国家从体制改革层面,提倡高校的综合化,实行"3+X+1"的高考制度,为实施人文与科学的综合教育打下基础;从思想层面,出台了《中共中央、国务院关于深化教育改革全面推进素质教育的决定》等重要文件。但距离实现科学教育与人文教育相融合的理想目标仍任重而道远。

3.3 重庆山地大学校园步行空间系统的共生元素

共生单元是共生关系的主体。在不同的环境下,共生单元彼此间产生共生关系的共生单元种类和方式有所不同。在重庆山地高校中,步行空间作为共生单元之一,主要与自然要素单元、人工要素单元和学生行为要素单元产生关系。

3.3.1　步行空间系统

按系统论的宏观、微观划分,可将步行空间本体分为整体系统和系统元素两个层级。整体系统将步行空间视为更高一级的校园系统中的要素之一,与其他共生单元发生关系;系统元素是组成步行空间的单元,在与校园其他要素发生关系的同时,相互间也产生着联系。高校作为人类文化高度聚集地,除物质形态外,不能忽视其空间意象对校园人文的影响,故将步行空间意象作为步行空间系统的组成。

步行空间不仅作为校园重要的交通空间,串联不同校园功能,也是划分不同区域、场所的边界,具有明显的边缘效应。相邻空间在此相互渗透、相互融合,形成连续的、完整的校园空间环境,具有多样性、层次性、模糊性的性质。

(1)步行空间整体系统

步行空间整体系统指在宏观尺度下,覆盖整个校园的,由线性与节点步行空间构成的网络。其既为城市步行空间的一部分,也具有不同于一般城市或其他功能区域步行空间的特性。该网络通常构成了校园交通最主要的载体。在网络中,通常存在位于校园核心的步行区域,为完全步行或限制车行,还伴随着室内外、地面上下、架空等步行空间的转换衔接,是校园步行系统中的"活力源"。

(2)步行空间系统元素

步行空间系统元素指组成系统的不同类型单元。按所处的环境,可大致分为景观步行空间元素和建筑步行空间元素两大类;按自身形态,可分为线元素和点元素。景观步行空间元素即位于校园景观区域的步行空间,其中大部分为室外空间。景观步行空间元素往往构成了校园步行空间系统的主体。建筑步行空间元素即由建筑所形成的步行空间,除室内空间外,还包括位于屋面、架空层等灰空间中的步行空间。早期校园中,建筑步行空间通常位于系统的末端。随着校园巨构化式建筑及相互联系的建筑群的增多,建筑步行空间尺度随之增大,与景观步行空间一起构成校园步行空间系统的骨架。由于师生日常大部分活动都在室内,使用频率最高。线元素具有较强的移动特征,强调人在出发地和目的地间的通行过程,指用于人流通行的具体线性步行空间。点要素是人流和物流交换产生聚集作用的特殊地段,代表人和信息的高密度,指路径的交叉处,或一些特性集中的场所,代表着联结、分岔转换。景观步行空间按自身形态和所处的具体环境可分为广场、庭院、街巷步道、滨水步道、登山步道等类型;建筑步行空间可分为中庭、走廊、空中连廊、屋面、架空层步道等类型。

步行空间系统元素可分解为底界面、侧界面和顶界面三大要素,具有形态、尺度与质地等基本属性;空间内部用于完善功能、美化环境的设施,则包括扶手、栏杆等基本安全设施,桌椅、亭、廊、花架等休憩设施,健身、游乐等活动设施,雕塑、景墙、植被绿化、水景等景观设施,标识、信息栏、环卫、照明、无障碍等公共服务设施。它们的存在与品质将直接影响到步行者的体验。

(3)步行空间系统意象

步行空间系统的意象是由系统本体的物质环境所衍生出的精神元素,指通过人在体验空间形态、材质、色彩、序列等过程中感知到的意义。美国著名城市规划理论家凯文·林奇在《城市意象》一书中首次提出"可意象性"概念,即空间的可读性和可认知度,并总结出城市设计五要素,认为要素的特色、结构、含义对城市文化具有重要影响。高校校园作为重要的思想交流与创造的城市单元,其意象包括地域文化、场所精神等方面,和建筑形态、景观环境、标识小品、公共活动之间具有紧密联系。步行空间系统是校园中公共性最强、给人体验最丰富的部分,控制着校园的整体格局,其意象在校园意象的塑造中起到关键作用。

3.3.2 自然要素

自然要素是与步行空间本体发生共生关系的自然环境中的要素单元,尤其指与重庆特殊的地理、气候等条件相关的要素,包括地形、气候、水体、植被等。

(1)地形

在重庆多山的环境中,山地地形特征是步行空间最重要的共生单元。山地基本形态可分为平地形、凸地形、凹地形、坡地形和复合地形五大类。

①平地形指与水平面基本相平行的土地基面,是所有地形中最稳定、简单的地形,具有静态、踏实的感觉。

②凸地形指比周围的环境高,以环形同心的等高线环绕所形成的地面制高点,表现形式为山丘、山脊、山峰等。凸地形具有视野开阔、向四周发散的特点,同时,也可能引导较低处人的视线向上延伸。

③凹地形指场地比周边环境低,呈较封闭的状态,构成了较为明确的空间形式,大多拥有较为平坦的地面或水池、河流等地貌。其表现形式为山谷、山坳、盆地等,其中山谷表现出明显的方向性,山坳定义了一定空间的终点,盆地具有较强的聚集性。凹地形的周边会阻碍人的视线,界面的坡度和高度定义了空间的封闭程度。

④坡地形指具有一定显著坡度的倾斜地面,其空间的单面性是最显著的特征。坡度的方向与大小对人的行为和感受有很大影响,对视野具有明确的指向性。

⑤复合地形指两种或以上的地形类别所组合的形态,在实际中占很大的比例。复合地形一般具有一定的倾向性,如倾向于坡地形,或倾向于凹地形与凸地形的组合等。

(2)气候

除地区宏观气候特征外,基地高程与地形也与日照、温度、湿度、风环境、降水等因子相互作用,形成局部小气候。气压和气温随高度增加而降低,降水随高度增加而递增,在达到最大降水高度后又减少。坡向影响接受太阳辐射、日照长短等。其中,南、东南、西南向日照最佳,为全日向阳坡,东、西向次之,为半日向阳坡,北、东北、西北向获得日照最少,为背阳坡。南向的阳光直射能产生阴影,形成使人愉悦的积极空间,使户外互动的人流量增加,北向坡常因没有阳光而使人不快。高大山势使山脉两边天气截然不同。在迎风坡,风向垂直于等高线,较为多雨;背风坡属于气流下降区,空气不宜扩散,易产生绕风或涡风,通常风速不大;顺风坡上,气流沿等高线方向流动;涡风坡区由于地形上的凹陷,常呈现低风或无风;高压风区布置建(构)筑物易形成涡流;在越山风区通常位于凸地形,风速大,通风好,对于重庆少风的气候而言具有较强的利用价值。

(3)水体

重庆山地高校校园内通常拥有一定的水资源,包括湖、井、瀑布、河流、溪涧等地上水体,井、泉、溶洞、地下河等地下水体。一些校园根据地形和水文条件,改造形成人工湖等人工水体。这些水体具有自然和社会的双重属性,对校园产生生态价值、审美价值、人文价值。

水体是重要的生态元素,具有调节温湿度、增加负氧离子、提供动植物生境等生态功能。水域在一天最热时能平均降低至少 $1.6℃$ 的气温,影响空间呈舌状分布,以水面为圆心向外辐射,温度梯度递增、湿度梯度递减;但当水体温度高达 $20℃$ 左右时,将发挥较其冷却效应更大的变暖效应。城市热岛中心的面状水域对热环境影响潜力较强。喷泉、跌水等人工水体设施具有更好的冷却效果,在明显降低温度时也提高了湿度。水体是负氧离子的重要来源,可起到降解有毒气体,促进健康的作用。当空气中负氧离子浓度在 20 个/cm^3 以下时,人易感觉疲劳;高于 700 个/cm^3 时让人感觉空气新鲜;超过 1 000 ~ 1 500 个/cm^3 时,有保健作用;超过 8 000 个/cm^3 时,有治疗意义。水体释放负氧离子主要发生在振荡碰撞过程中,如下雨、跌水情况下,水分子裂解产生空气负离子。当空气湿度较高时,负氧离子 O^{2-} 更容易与水分子结合,形成负氧离子团簇 O^{2-}、H_2O,增强负氧离子的寿命。水生系统是自然界生物多样性最丰富的系统之一,水陆资源、能量相互交错,为不同物种提供了赖以生存的环境。河流线性及岸线断面分布有连续的、完整的生物体系。由于校园水体通常较为孤立,容易产生污染。如过量的有机物和营养物质排放,会导致湖泊由"草型清水态"退化至"藻型浊水态"。人工建设不可避免地改变水体微量元素,对其中动植物生境产生影响。

水体的审美意义表现在不同地域、时间、环境下,呈现不同的形、色、声、影,能与人的主观感知相通,具有强烈的视觉美感,产生亲和力。水体可随时间变化,能表现季节交替和昼夜明暗的变换。冬日,水体虽不至冰冻,却萧条肃静;夏日,溪涧多水流潺潺,时有山涧洪水涌出。日出时,可有薄雾迎晨曦;日落时,可有残阳铺水面。在不同的位置,水体具有多样的形态,或宁静悠远,或灵动轻快,或喷涌磅礴,或虚无缥缈。与山林鸟兽为伴,构成生机勃勃、感人肺腑的景观,引发丰富的美感。

水是重要的人文元素。"片叶沉浮巴子国,两江襟带浮图关"是重庆山城地域形象的集中体现。水作为灵性的象征,与高校有密切联系。我国传统文化中有"知者乐水,仁者乐山"的说法,山水构成了我国人文精神的代表性符号。周朝最高学府辟雍便是水环楼阁的格局;传统书院常有泮水的景观元素,跨过泮水成为入学仪式的一部分。水的可塑性、柔美感、多样性一直是我国文人钟爱的对象,以水昭示世间哲理,人生感悟,比德起兴,呼应高校的文化主题。

(4)植被

山地植被较平原更具原生性、多样性,在水平和垂直方向上具有多层次性,包括陆生、水生等各类植物不仅为校园提供良好生态保障,还具有环境育人的文教功能。

植物是展现高校人文的重要表征,具有文教的功能。我国植物造景有注重文化内涵的传统,古人常把植物性格拟人化,结合传统诗画艺术,体现人文意境和美感。如松树表现不卑不亢、铮铮铁骨;竹象征宁折不弯、中通外直的度量;梅象征坚强刚毅、不畏苦难等。在农林、生物、医药和综合类大学中,植物具有教学、科研用途,可收集、保护植物资源、面向校内外开展植物科普活动。如牛津大学植物园汇集全球 8 000 余种不同植物;武汉大学植物园拥有种子植物 120 科、558 属、800 多种。植物是学校发展年轮的载体,彰显着校园历史积淀和文化内涵。如东南大学已有 1 500 多年树龄的圆柏,或称六朝松,见证了南京千年风雨,成为知识分子心目中的精神图腾;北京大学校园中古树达 1 096 棵,约占乔木总数的 9.1% ,是校园悠久历史的见证,凝聚着师生的情感和寄托。植物种类和种植方式的选用有利于塑造校园景观个性化,破除"千校一貌"的情况。如沈阳建筑大学选用水稻等农作物,以及杨、蓼等乡土植物,蕴含"育米如育人"的哲思;武汉大学校内 1 000 多株樱花树已成为学校的一张名片,每年吸引大量游客前来观赏,并将培育的各樱花品种作为礼物赠予其他兄弟院校和社会单位。

3.3.3 人工要素

人工要素指在自然环境的基础上,人为形成的社会运行模式及其在空间中的投射。高校的人工环境是为教学、科研等提供良好的条件所形成的校园空间格局。其中,与步行空间关系紧密的包括周边城区、功能分区、车行系统等。

(1)周边城区

高校校园发源于城市,本身是城市的一部分。随着校城融合不断加深,校园与城市的边界日渐模糊。周边城区的步行系统及公共交通系统,与校园步行空间系统有着紧密的联系。同时,校园步行空间也反作用于周边的城区,形成共生关系。

步行空间系统被认为是对抗 20 世纪以来汽车产业迅猛发展给城市带来种种问题的有力武器。从空间政治学角度,城市步行是公民权利的宣誓和自我维护,对权利规训空间的一种解构,对等级秩序的稀释与消解,对城市公共性和公民性的强调。杰夫·斯佩克认为城市步行性和城市经济发展、人口健康、绿色低碳具有密切关联,并提出从步行效用、安全、舒适、乐趣四大方面建设适宜步行城市。包括哥本哈根、纽约、墨尔本、巴黎等著名国际城市在城市步行系统营造方面取得了大量经验,我国上海、北京、厦门等城市均将步行系统作为城市发展的重要部分。重庆从 21 世纪初也开始了山城步道的建设,2018 年政府发布《主城区公共停车场和步行系统建设实施方案》,2019 年开始了重庆市主城区步行系统规划研究及重点区域规划试点。独具山地城市特征的步行系统将串联包括高校区域在内的各类城市空间。

在校城融合的趋势下,校园日常通行越来越依赖于公共交通与步行的协同。城市公共交通,尤其是轨道交通巨大的运输能力和运行距离,极大地改变了城市尺度、结构和运行方式。基于公共交通的 TOD 城市发展模式已成为全球城市发展的主要方式之一。重庆具有复杂的地形和多中心组团式城市形态,城市中通勤更加依赖公共交通和步行的组合。《重庆市主城区轨道车站 TOD 详细规划机制及导则研究》将不同的功能、区位的轨道站点分为四大类,其中与高校联系紧密的为居住型中的活动功能主导型。导则对轨道车站的出入口、公交换乘、停车换乘、出租车停靠、周边道路网密度、周边步行与自行车系统等提出建议。

高校校园对城市新区发展具有催化作用,周边城镇常利用高校科技教育资源发展相关产业。我国在 19 世纪初、20 世纪 50 年代的高校建设高峰期中,校园选址多在城市郊区,后逐渐被融入城市社区当中。20 世纪 90 年代至今,是我国高速城镇化的时期,高校校园常成为城市新区的生长核心,并出现校园集中、集群建设的"大学城"模式。重庆大学、西南大学等建校时位于城市郊区,后逐渐被城市包围;20世纪90年代,出于直辖等原因,在城市西部的虎溪和南岸区的南部兴建大学城,形成校城一体的发展格局。

(2)功能分区

20世纪20年代以来,在现代主义思潮影响下,形成了以较为严格功能分区为基础的布局方式,各分区间用途明确、互不干扰、便于管理。该方式一般将校园划分为校前区、教学科研区、生活服务区、运动区、生态休闲区、交通空间等。校前区是城市与校园空间的过渡,是校园面向社会的窗口,通常布置一些与城市密切相关的机构,如行政楼、会议中心、对外交往中心等。教学科研区是校园的功能核心,是由教学楼、图书馆、实验楼等设施构成。生活服务区是满足师生住宿、餐饮、娱乐、购物等需求的建筑及其周边室外环境,包括宿舍、食堂、商店、学生交流聚会场所等。运动区是集中建设、用于体育教学、锻炼、比赛的各类体育活动空间。生态休闲区是为满足师生放松身心、恢复精力的需要,利用基地内生态资源,创造相互交流的场所。

自20世纪60年代开始,高校校园布局向注重各校园要素间的系统关系、系统的动态性和过程性、空间利用的复合化等方面转变。C.亚历山大等以俄勒冈校园规划为例,提出蓝图式的校园规划方式早已不再适应校园瞬息万变的发展要求,疏远了使用者,并无法准确预测未来的情形。提倡由使用者表达对项目的需求,并由建筑师通过其自身技巧,将设计重点向区域的划分与联系、有机拓展方式、提供自主改造条件等方面转变,逐步小规模地将其实现。何镜堂根据我国高校发展现状,从节约土地和生态保护等可持续理念出发,提出集约化的校园建设模式,强调人工与自然的穿插、不同功能空间的融合。

总体而言,这些新的观念仍是建立在传统功能分区的框架之内,是对校园功能分区模式的补充和完善。对于重庆山地高校而言,应注意高校校园发展历史性的特点,其功能分区必然随时间的推移发生演变,功能分区需在时间层面上具有合理、周密的发展计划,和一定程度的适应性,建立具有动态发展性的空间和功能组织结构;面对建设用地稀缺的问题,在校园规划、建筑及景观设计中,倡导土地集约利用、立体开发,提高土地利用率。

(3)车行系统

车行系统是山地校园中,除步行系统外另一主要的交通系统,满足物流、校车、行政、教职员工的用车需求。由于高校之间、高校与城市间交流的增多,机动车的普及,车行对步行系统的干扰也日益增加。

系统可分为车行道和停车场两部分。根据校园规模和复杂程度,车行道一般分为二到三个层级,即"干路—支路"或"主干路—次干路—支路"。主干道串联校园各主要组团,是校园主体骨架;次干道是各组团内的主要车行通道;支路是车行系统的末端。此外,一些步行道路、广场等在某些情况下也被作为车行通道。通常情况下,道路等级越高,人车分流的特征越明显,反之亦然。停车场可分为地面停车和地下停车。随着停车数量的增加,地面停车方式已无法满足实际的需求,并会对校园环境和步行系统产生不利影响。地下停车虽初期投入和维护费用较高,但节约了地表空间资源,有利于良好校园环境的营造,且停车位置距离目的地更近,提高了效率。重庆一些高校已采取结合山地地形的地下停车手段。

校园机动车可分为三个类型。一是不进入校内的车辆,如公交车、校区间专车、出租车等,这些车流在规划时,通常考虑其校外停车和回车场地,与校前区统一处理。二是进入校内的私人、后勤、货运车辆,可借鉴城市设计手法,减少对校园环境、步行交通的干扰。三是校内公共交通车辆,通常起到对步行交通的辅助作用,应加强与步行系统的协同。

3.3.4 人文要素

高校校园人文要素是经过长期发展的历史积淀,体现高校对人的价值和生存意义的关怀,同时又以价值观念和行为规范的形式约束人的行为,显示不同于其他机构的气质特征。人文要素外延宽泛、蕴含深广,难以对其明确定义。

(1)地域文化

地域文化是指在一定自然条件、历史背景下,在一定区域内形成的具有传统性、独特性的,区别于其他区域的一种亚文化。高校从诞生之日起就是城市的一部分,必然受到地域文化的深刻影响,这种影响可分为隐性和显性两方面。

隐性方面指对教学建设、校园文化的影响。地方的人文资源为高校学科建设提供重要切入点和办学内容,是地方高校学科建设的重要途径;地方的自然资源为高校提供独特的研究对象。不同地域文化对高校人才培养影响巨大。一方面,地域文化必然影响人的思维方式、价值取向、行为习惯、审美追求等,为人才培养涂上底色;另一方面,通过对地域文化的提炼和阐释,能提供高校特色教育的源头活水,避免全球化、国际化等带来的千校一面的呆板。高校人文中的地域文化能引领高校服务地方的发展层次及方向,促进高校与地方资源的交换,使校园文化与地域文化相互交融,共同发展。

显性方面指地域文化在校园建设中的体现,如在选址、基地处理、建筑风格、景观营造等方面对地域文化精华的汲取和再现。山地自然本身及人们对自然的适应过程形成了重庆地域文化的核心。对自然的改造适应追求因地制宜,尊重原始地形地貌,灵活运用自然地形特征和生态设计手法,不盲目推山填壑、掘土造池。遵循山静水动的原则,借助自然地形高低起伏,层层跌落形成动态的水体。街道长期依据地势自然生长,没有强制的约束机制及明确的方向性。传统建筑以木结构为主,竹结构、石砌结构、夯土结构为辅。地形处理包括台、吊、坡、拖、梭、靠、架、错、分、挑等(图3.7为山地建筑接地方式)。

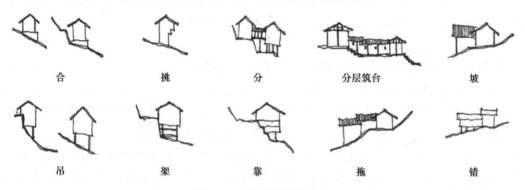

| 合 | 挑 | 分 | 分层筑台 | 坡 |

| 吊 | 架 | 靠 | 拖 | 错 |

图3.7 山地建筑接地方式

20世纪初,外来文化的渗透使重庆各方面文化都产生了突变,与自然生态的矛盾更加激烈。山地环境对人工建设的限制降低,通过多种建造技术,能在大部分地形地貌条件下满足一定的功能需求。传统的与地形结合的规划布局手法仍具有很大的价值,能减少对基地的破坏,创造更适宜的空间。近年来,可持续发展、绿色建筑、海绵城市等概念层出不穷,均以生态保护、生态修复为指导方向。步行空间的开发在低碳节能、恢复城市活力、引导城市可持续发展方面具有重要意义。自2005年开始的重庆山城步道工程以交通型步道、观景型步道、生活型步道为构成要素,结合城市居民和旅游者的行为需求、城市历史特征和空间特性,成为新时期重庆地域文化营造的重要组成部分。

（2）大学精神

不同学者对大学精神有不同的定义。如李辉、钟明华站在人类发展的高度,提出大学精神是大学存在及发展过程中形成的独特气质的精神形式和文明成果,是科学精神的时代标志和具体凝聚,是人类社会文明的高级形式;王冀生认为,大学精神是一种建立在对办学规律和时代特征深刻认识基础上的科学理论;刘亚敏从大学的文脉出发,提出大学精神是某种大学理念支配下,经大学人长期努力,长期积淀形成的稳定的、共同的追求、理想和信念,是大学文化精髓和核心所在。总体而言,大学精神是经长期积淀发展形成的,其中既有对所有高校具有普遍意义的一面,也有各高校独特的一面。

普遍意义的一面是大学精神的基本内容,包括自由精神、独立精神、人文精神、科学精神、创新精神、批判精神等。自由精神是大学精神灵魂,也是其他精神产生和发展之根基。自由精神表现在思想的自由、学术的自由、言论的自由等。独立精神表现在独立人格、独立思考、独立判断等方面。人文精神表现在尊重人的价值,倡导人与人、人与自然的和谐。科学精神包括科学研究中一系列行为规范,以及科研工作中对真善美的追求,使高校是一切知识和科学、事实和原理、探究和发现、实验和思索的高级保护力量。创新精神指大学存在的根本目的,是不断探索和发展高深的学问,更新知识的疆界,以推动社会的更新。批判精神指大学以真理为唯一标准的价值观以及在此基础上形成的批判、纠正错误的行为规范和精神气质。

具体到每一所高校,由于特定的历史传统、社会环境、学校目标、学科特点等方面均有差异。其中,重庆大学是以理工科为特色的综合性大学,以实用型的科技、管理人才培养为主,教学研究以严谨、科学的实证方法为主导,其价值取向追求超越功利性的绝对理性,从而完成理智、道德的全面建构。西南大学是以文科、农学为特色的综合类大学,既强调感性思维的培养,也强调对自然的敏感。四川美术学院等艺术类学科高校注重对浪漫唯美的追求、审美修养的培养和情感内涵的开发。解放军勤务学院等军事院校、党政学校以培养高级军事、政治指挥人才和技术人才为主,实行较为严格的管理制度。尤其对于军事院校,既要培养过硬的专业能力,又要训练军人遵守纪律、听从指挥的核心素质。

3.3.5　行为要素

步行空间的行为主体包括大学生、教师、职工和来访者等。重庆地区高校一般为寄宿制,大学生的生活、学习长时间在校园内进行,是占据和使用步行空间的绝对主体。教职员工、来访者的日常活动范围更加广泛,对校园步行空间的使用远不及大学生。故本文以大学生作为步行空间系统中最重要的行为主体。

(1)大学生行为需求

大学生多在 18 到 22 岁之间,接受高等教育的青年,具有相似的年龄、知识层次、理想追求,承受相似的心理冲突和行为矛盾。在社会文化、校园制度等因素制约下,具有较强的行为相似性。生理上,其体格、肌肉和神经系统发育迅速,代谢旺盛,身体逐步健全;心理上,该人群并没有独立的经济基础和社会职业,对父母、社会保持着依赖关系,对自身缺乏客观、全面的认识,社会经验、技巧不足。同时,他们的思想极其活跃,不断接受并创造新知识、新思想,极具表现力,积极参与社会活动,具有强烈的人际交往需求,高度的政治敏感和强烈的社会责任感,对社会发展具有可预见的重要影响。

依据马斯洛的需求层次理论,大学生对校园步行空间有特定的需求可归纳为五个层次:可行性、便捷性、交往性、舒适性、愉悦性(表 3.2 为校园步行空间中大学生行为需求层次)。

表 3.2　校园步行空间中大学生行为需求层次

序号	马斯洛需求层次	步行空间需求层次
1	生理	可行性
2	安全	便捷性
3	归属和爱	交往性
4	尊重	舒适性
5	自我实现	愉悦性

可行性指步行空间系统对步行行为提供的可能或难易程度,是步行最基本需求,影响产生通行行为,特别是非必要性通行行为的决策。当可行性需求无法被满足时,无论更高层次需求如何,步行发生的可能性都很小,学生很可能放弃原有的行为目的,或通过其他方式实现。可行性的影响因素包括路径状况、障碍物、人车安全和社会安全等。在山地环境中,过远或坡度过大的路径会超出大学生的生理承受能力。

便捷性一方面指到达目的地的方便程度,一方面指在合理的步行范围内,有多样满足不同需要的功能场所。到达目的地的方便程度也被称为可达性,被认为是交通规划、公共空间等领域的关键要素之一。多样功能指步行过程中有足够的目的地数量、功能、品质等,能满足除通行外的多种行为需求,包括交流、休闲、购物等潜在的需求,关系到校园功能分区与步行空间系统的关系,步行空间系统的节点环境和设施布局等。在山地环境的校园步行空间中,需考虑起伏的地形对可达性的影响。

交往性需求已经超越了通行行为的基本范畴,指至少是两个具有语言和行为能力的主体之间借助语言媒介,通过对话达成相互理解和一致。大学生在生理、心理上处于对人际交往最旺盛的阶段,有较强的与人进行信息交换的需求。交往的产生需要个体拥有、控制和使用一定空间范围并防御外敌入侵的行为,包含领域性空间的概念,表征了占有者态度和准备状态。在交往过程中,通过多途径的信息获取,可获得通常在传统教学模式下无法获取的信息。在当代教育理念中,随机交流已成为学生的获取信息和各方面的成长的重要手段。

舒适性指对空间品质的需求,可分为生理舒适性和心理舒适性。生理舒适包括路径宽度、地面铺装质量、梯级尺寸等步行空间本体因素,以及气温、照明等环境因素。心理舒适性指步行空间系统对大学生步行及其他伴生行为的诱导,包括路面的铺砌方式及图案、文化小品的布置、自然意象和人文氛围等。高校本身具有聚集先进思想、传承优秀文化的身份,校园环境是其身份的重要物质体现。在校园内的学习生活中,感受文化、陶冶情操是学生的重要需求。舒适性是人对空间综合性的感受,只有在满足舒适性需求后,才能引导学生向更高层次的精神状态发展。

愉悦性需求指空间环境与行为主体在互动中产生契合,在精神层面意境,是内心感到愉悦,是在步行空间内活动中,一种让人感受领悟、意味无穷又难以明确言传、具体把握的境界,是形神情理的统一、虚实有无的协调。意境带来的愉悦性是意象的升华,是心灵时空的存在与运动,与中国哲学思想的整体观紧密联系。愉悦性产生应从行为者对整体的动态感受出发,结合自然地域特征和校园特色文化,形成高品位的高校校园步行空间系统。

(2)大学生行为特征

大学生行为具有较强的规律性的时空周期特征,主要受到学校制度的影响。在整个大学生涯中,高校课程安排会随着年级不同而发生变化,低年级因基础课较多,规律性相对较强;高年级基础课较少,更多教学实验、实习、课外调研等自学环节,更具有自主性。在单个学年中,学校主要的教学时间是除寒暑假外的春季和秋季,约占一年的四分之三,基本避开了重庆地区特别炎热和寒冷的时节。一个学期中,学生行为分布较为均衡,临近期末时由于考试、结课等压力,有更多的自修等行为,休闲和社会活动相对减少。在一周中,通常周一到周五课程较多,有大量必要性通行性行为及其伴生行为,行为阵发性明显;周末休息或课程较少,自发性通行行为较多,行为的时空分布相对平均。在一天内,部分学生有在早晨晨练和晨读的习惯,在上课前、课间、课后有人流高峰,人流量通常较大,在夜间,除学习外,有大量休闲、锻炼、文娱、社团等行为。

由于其年龄的心理特征,大学生人际交往意愿强烈,绝大多数大学生希望主动或被动地结识新朋友,寻求更多交流对象,对小群体的依赖性较强。班级是交往行为最重要的渠道,面对面直接交流是交往的最主要方式,具有交往成本低、信息量大、易产生信任等不可替代的优势。交流的目的主要是建立友谊和交流情感,满足大学生内心的需要;以获取支持或信息的工具性交流处于次要位置。根据调研,大部分学生认为自己在交往中受到欢迎,并能较清楚地对自身进行反省。大部分交往行为是自发的、随机的,常伴随着其他行为发生,如通行、就餐、学习等。交往的规模以小群为主,并具有多个层次。2~4人可进行较深入的谈心或钻研,成员关系密切,有较强稳定性;5~9人适合一般性合作;10~15人适合有组织的讨论,发生频率较低。交往行为按程度的深浅可分为互视、肢体语言、交谈、亲密关系等。互视发生的条件最简单,频率最高,可伴随基本的交通行为产生;挥手打招呼等肢体语言需要一定的空间,通常持续时间很短;交谈行为需要相对宽松的环境,轻松舒适的环境有利于交谈内容的深入和时间的延长;亲密关系在公共的步行空间中较少发生。校园步行空间中的交往行为通常是在少量个体之间自发产生,是最轻松、有效的交往方式。

外界环境对大学生的行为产生不可忽视的影响。作为有一定知识的青年,大学生自我意识较强,文化层次较高,具有自主性和能动性,希望按照自己的理性判断来对外界作出反应。同时,由于年龄原因,其心理状态相对不稳,在行为目标、方式选择和效果评价上,往往缺乏经验,造成行为目的不明确。周边环境或他人的行为会对其思想造成较大的刺激,影响其价值观、人生观的形成,左右其行为决定。优质的环境能刺激大学生好的思想和行为习惯的养成,低品质的环境对大学生的成长产生不利影响。

3.4 山地高校步行空间系统的共生模式

共生模式是共生单元取得彼此共存发展的方式。在共生过程中,共生单元之间通过物质、能量和信息的流动,创造新的价值,即实现价值的增值。共生是指两种或多种共生单元之间的结合关系。这种结合关系主要是内在因素而不是外在因素作用的结果。在共生过程中,各共生单元都要付出和获取某种物质。共生关系的产生和发展,能促进各共生单元向具有更强生命力的方向演化,进化是共生系统发展的总趋势和总方向。

重庆山地高校步行空间与其他共生单元的共生模式可分为三个层级:步行空间整体作为校园系统中的一个元素,与其他共生单元的共生;构成步行空间本身的系统元素与其他共生单元的共生;校园步行空间的物质形态具有特殊的意象与其他共生单元的共生(图3.8为重庆山地高校步行空间系统共生模式结构)。

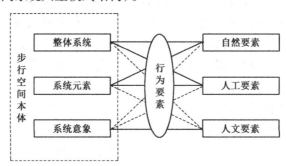

图3.8　重庆山地高校步行空间系统共生模式结构

3.4.1 步行空间整体系统的共生模式

步行空间整体系统与其他单元的共生模式是对校园运行和各功能发展最关键的基础,也通常是规划设计最初考虑的问题。良好的共生模式能保护相关共生单元的正常运行,促进彼此间良性的互动,实现共同的增值。

步行空间对地形的适应,形成与山地的耦合关系是与自然要素最基本、最有效的共生模式,是保护生态、实现可持续发展的前提。不仅关系到步行空间本身,也密切影响到校园的功能分区,空间形态和整体运行。本书将针对不同的山地形态,提出不同的共生性设计方法。

车行系统是指与步行空间有密切联系、具有同样交通属性的人工要素。车行与步行在空间占用、通行速度、路径等需求方面具有明显的区别,在汽车广泛普及、校园规模扩大、校城融合加深的情况下,对步行者安全性和舒适性有较大影响。同时,在校园规模不断扩大的趋势下,应加强车行交通尤其是公共交通对步行的辅助作用。本书将借助城市人车关系相关理论,结合山地高校特征,趋利避害,提出步行空间与车行系统的共生模式。

通行是步行空间最基本的功能属性,好的可达性是促进通行的基本前提。当可达性与校园功能分区等要素相协调时,能促进各区域的合理发展,增加学生的舒适度和出行意愿,有利于学生的培养。山地校园中,步行空间的可达性受到路径起伏的影响,带来较大的复杂性。本文将在质化分析的基础上,基于步行疲劳,进行更加深入的、可量化的研究,提出基于学生生理特征的山地高校步行可达性判断方法,为步行空间整体系统形态布局、校园功能分区、公交系统设置等提供科学依据。

3.4.2　步行空间系统元素的共生模式

重庆山地校园步行空间系统中,不同元素与其他单元的共生模式既应符合宏观层面的要求,更应考虑自身的具体问题。不同类型、不同环境下,系统元素的共生模式具有不同的侧重点。

景观步行空间中,应从尊重与山地生态的前提出发,从空间形态、材料运用、设施配置等多方面顺应特定环境的生态运行方式,避免不当的步行空间建设导致生态破坏,降低环境品质和学习氛围的负面后果。利用山水资源,塑造个性丰富的空间场所,诱导户外休憩活动的发生,增强活动的持续时间和多样性,让学生在充分接触自然的情况下得到身心的健康发展。

由于大部分的校园活动都在室内发生,建筑步行空间应注重与学生行为要素和室内外环境的结合,促进交往的发生,尤其是无目的、非正式的随机交往。当代高校建筑设计提倡非传统功能性的空间,认为小范围、非正式的交流讨论与创新活动更容易迸发灵感的火花,产生新的思想。步行空间应摆脱单纯的交通功能特征,整合多种资源,创造综合交叉的平台,以满足学术上跨学科和无边界的行为,与不同院系的师生日常行为时间、活动特点形成共振,诱导产生跨学科的交流。

步行空间元素的相互空间关系形成网络结构中固有的不均衡,决定了各部分的可达程度,影响其中人流的分布模式以及人们在不同空间中的行为。通过空间网络中不同节点的学生行为的有效认知和预判,能帮助对不同步行空间元素的合理设计,形成更好的共生模式。

3.4.3　步行空间系统意象的共生模式

步行空间的物质环境与人的互动产生的精神意象,体现了校园的文化内涵和思想品位。这种意象与山地自然、校园文化的共生关系对校园个性形象的塑造、学生内在修养的培养意义重大。

山地自然意象既包括天然自然的意象,也包括人类在山地环境中,对山地自然不断进行适应与改造所形成的意象,既包括重庆本土的地域性的山地自然文化,也受到中国传统的,甚至外来相关文化的影响;既需要延续传统,也需要在当今科技发展、对山地自然进行认知不断进步的背景下,更新山地自然的意象。与山地自然意象的共生应突出表现对山地自然的尊重,人与自然间万物共生的和谐。

步行空间与校园文化共生在于体现校园精神、文脉、学科特点等方面。步行空间自身形态和活动方式较为自由,容易冲破传统制度模式,克服功能场所中的规矩约束,成为批判精神的重要阵地。步行空间可表现包括制度文化、组织文化、群体文化、个体文化等在内的校园文化,深刻影响着个体与群体的行为选择,促进校园整体人文的形成与发展。步行空间是校园文脉环境的主体,在校园的改造更新中,往往是最稳定、变化最小的部分,容纳了大量有意义并带来历史回忆的场所,吸引更多活动的产生,获得更强的认同感,使场所精神得以延续发展,并通过空间符号等方式使步行空间意象与文脉共生(图3.9为重庆山地高校步行空间系统共生性设计研究框架)。

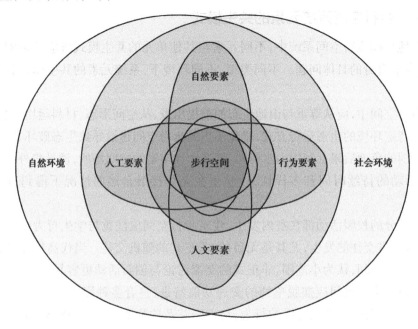

图3.9 重庆山地高校步行空间系统共生性设计研究框架

步行空间系统的意象主要通过视觉的方式传递,包括静态视觉和步行过程中产生的动态视觉。由地形起伏带来的动态视觉体验是山地高校区别于平原高校的重要特征之一。可通过对山地环境中,步行空间动态视觉变化的量化研究,从步行者的角度加深对山地高校步行空间意象的认知,为共生性设计提供可靠依据。

4 步行空间整体系统的共生性设计

步行空间整体系统与其他自然元素、人工元素等共同构成了校园物质空间环境,是校园的子系统之一。重庆山地高校中,步行空间整体系统与其他校园子系统的关系深刻地影响着校园运行的效率与品质。本章分析步行空间整体系统的构成,讨论基于适应性、基于人车关系的步行空间整体系统共生性设计,并基于学生的运动生理特征,取得路径坡度与步行疲劳之间的关系,讨论其在设计中的运用。

4.1 步行空间整体系统的构成

4.1.1 点线面的组合

步行空间整体系统可抽象为线段和节点组成的、具有层级性的网络。网络表现为线状元素主导,点状元素辅助的基本特征。由于功效优先的基本特点,为实现通勤的基本功能,步行空间通常体现出"线状"形态,并具有一定的长度、宽度、坡度等基本属性特征。在线状元素的交汇点或首末端则以枢纽或转换的"点状"形式发挥其功能。

步行空间整体系统点线面构成示意如图4.1所示。

步行空间整体系统网络可划分为主干道、次干道、支路、小径四个层次。主干道指连接校园主要组团及校内外联系的主要通道,承载大量日常步行通勤;次干道指组团内部的主要通道,或通行量较少的组团间、校内外的通道;支路通常指建筑、场地间的通道;小径处于系统的末端,除尺度较小外,一般不强调交通功能,以休闲交流为主。主干道及次干道在很大程度上决定了步行空间整体系统的总体形态,形成了校园的空间骨架。

4.1.2 室内外的连续

校园建筑的开放性让其建筑内部的步行空间融入整个校园的步行空间系统中,而非仅作为建筑或建筑群的步行空间。在校园大体量、大规模建筑或建筑群的情况下,当代高校建筑内的步行空间已不限于校园步行空间末端的范畴,越来越多地参与步行空间整体系统的

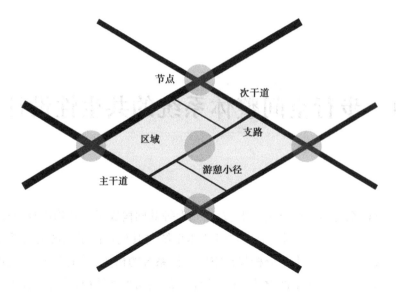

图 4.1　步行空间整体系统点线面构成示意图

主体中来,形成室内外连续的步行体系。

　　莫霍利·纳吉(Moholy Nagy)在《新视野》一书中从现代主义框架下,体量与空间的区别中得出,建筑外表皮的打开使其创造了内外贯通的连续体。20 世纪 30 年代的哈佛运动对景观空间认知产生巨大影响,空间从围合到内外连续,再到身体的延展。詹姆斯·罗斯(James Rose)对鲍扎(Beaux-Arts)的轴线体系提出批判,认为人们不再以过去的方式观察世界,并在其设计作品中展现了连续性的、诱导性的、运动的流线。在中国特定的文化背景下,与校园最为接近的古典园林当中,建筑与园林具有极高的统一性,两者的相互融合,形成了丰富的空间层次与深度,微妙的分隔与连通。

4.2　基于地形适应的步行空间整体系统共生性设计

4.2.1　步行空间的地形适应性特征

　　与生物学中"有机体"在和自然间相互协调的过程类似,步行空间对地形的适应性指通过对自身的调节以顺应外部环境变化,求得彼此间平衡发展。步行空间的形态应针对不同的条件,努力实现与地形的耦合关系,在走势吻合的基础上进行适度的"裁剪"和"修补",以减少土石方填挖和环境破坏,控制造价及施工难度,充分利用山体的自然美,实现生态的平衡。同时,步行空间不仅是各功能区域间的有机联系,还关系到校园建筑、场地在山地环境中的布局与布置方式。

　　山地地形可分为平地形、凸地形、凹地形、坡地形和复合地形五类。其中,平地形在重庆山地环境中较为稀缺,与平原高校差异不大。本书主要就后四种情况展开讨论。

4.2.2 与凸地形的适应共生

凸地形包括山脊、山顶两种基本形态。山脊指平面呈条形隆起的山地地形,也被称为山岗、山梁,具有一定的方向性,并对两侧的空间起到分界和过渡的作用;山顶大致呈点状或团状,也被称为山丘或山堡。不同的凸地形形式、坡度、坡向等因素影响对步行空间形态的选择。根据步行空间系统与凸地形的关系,可分为位于顺沿脊线和周边围绕两种基本方式。

(1)顺沿脊线

当凸地形的顶部具有相对好的建设条件,可将校园主要功能集中于山体高处,较低的区域保留原生景观或作为发展用地,步行空间顺沿山体脊线布置。顶部的区域拥有面向多个方向的开阔视野,基地的轮廓、周边的景观成为设计的重要影响因素。当凸地形顶部较为规则、平整时,校园各建筑场地布置方式较为自由,步行空间可通过轴线、院落等传统方式进行组织。当凸地形顶部基地复杂时,建设用地受到很大制约。顺应地形的曲折线性步行空间能自然地与山体相融合,协调建筑场地的布局方式和相互关系,营造丰富的空间效果和亲切的氛围,图4.2为顺沿凸地形脊线的步行空间形态示意图。

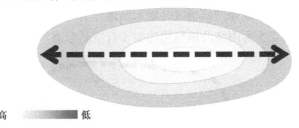

高 低

图4.2 顺沿凸地形脊线的步行空间形态示意图

西蒙弗雷泽大学主校区步行空间采用笔直的轴线横亘于山脊上。校园位于温哥华市郊本那比山,面朝风景优美的雪山及湖面。山体顶部轮廓狭长,东高西低,坡度平缓。设计用长达1 km的笔直的步行轴线贯穿山脊,串联了教学、社交、休闲及住宿等多个功能单元。为避免线性空间的单调,在轴线上通过多种设计手法营造丰富的空间节点,激励不同活动和事件展开。如中部由建筑围合的巨大方院,其中布置精致的园林景观,并通过架空层引入湖面优美的风光,形成惬意的休闲场所;广场上空用空间桁架架设玻璃顶棚,构成既可自由穿梭,又避免风雪侵袭的全天候空间,成为校园举行毕业典礼等重要事件的场所,图4.3为西蒙弗雷泽大学步行空间分析。校园建设之初由轴线中段开始,不断向两端延伸。随着学生人数和功能需求的增加,21世纪初,步行空间轴线继续向东延展,新建学生生活区等部分。

加州大学圣克鲁兹分校克里斯基学院,依据山脊的自然特征采取曲折的步行空间形态。校园位于旧金山湾区圣克鲁斯山曲折爬升的山脊上,四周为丘陵地貌和良好的山地森林植被。设计希望模仿意大利山地小镇,沿山脊塑造蜿蜒的步行街。尤其在步行空间上半段,地形高差较大。蜿蜒的路径既营造出移步异景、收放自如的空间效果,也减少了路径和视觉上的坡度。两侧的建筑和森林围合出亲切的氛围,转折处的小广场形成休闲交流的场所,图4.4为加州大学圣克鲁兹分校步行空间分析。

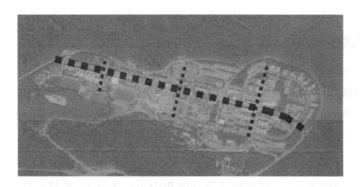

图4.3 西蒙弗雷泽大学步行空间分析

图4.4 加州大学圣克鲁兹
分校步行空间分析

（2）周边围绕

当步行空间主体位于凸地形周边，校园的主要功能区集中于山麓或山脚，山体本身作为景观区域或预留发展用地，常成为校园重要视觉标识物。该情况下的步行空间形态可分为两种模式：一是步行空间围合凸地形展开，突出对山体的向心性，不强调轴线，通常呈O字形或U字形；一是步行空间形成强烈的轴线并融入凸地作为其视觉上的延伸，成为轴线的一部分，通常呈Y字形。图4.5为围绕凸地形周边的步行空间形态示意图。

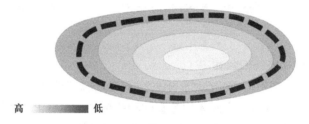

高 □□□□ 低

图4.5 围绕凸地形周边的步行空间形态示意图

中国美术学院象山校区的步行空间主体形态呈U字形围绕中心山体。校园地处杭州南部群山东缘，两条小河从山脚南北两侧绕过，向东流向钱塘江。设计利用山脚的溪流形成山体与校园主要功能区的自然分界。建筑主要布置在外侧，建筑界面通过不同的角度和进退与山体取得联系。沿河畔布置的步行空间成为介于自然和人工的过渡地带，在日常步行中能感受到校园与自然融合的氛围。中心山体对视线的阻隔也加强了行进过程中的视线变化和空间层次，图4.6为中国美院象山校区步行空间分析。

南京审计大学江浦校区的步行空间主体形态采用具有强烈轴线感的Y字形。校园位于南京市浦口区，南临长江，北靠植被丰富的老山山脉余脉。设计保留基地中央的山体，与东侧的水系一同构成校园的生态核心。步行空间将生态核心的东、南、西三面包围，并向南顺延山脉走向，形成校前区广场轴线。东侧的步行空间结合水体形成滨水区域，为教学区提供开阔放松的场所；西侧步行空间紧靠山体，顺应山势曲折，形成优雅的路径；南侧校前广场与山体构成强烈的南北向视线轴。图4.7为南京审计大学江浦校区。

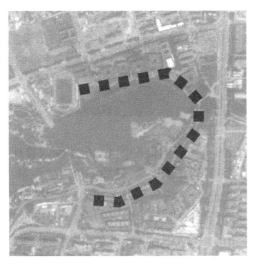

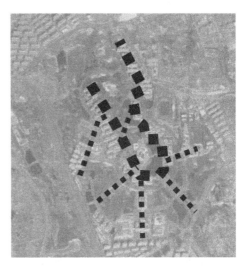

图4.6 中国美院象山校区步行空间分析　　图4.7 南京审计大学江浦校区

4.2.3 与凹地形的适应共生

凹地形包括山谷、隘口、盆地三种基本形式。山谷两面围合,具有向两端延伸的特性;隘口三面围合,开口有明确的单一方向性;盆地四周均围合,空间内聚感强。凹地形通常为汇水区域,有河流、湖泊等丰富地貌,具有较强的生态意义,也常是洪水、泥石流等地质灾害发生的区域。根据步行空间与凹地形的关系,可分为穿越底部和环绕凹陷两种基本方式。

（1）穿越底部

当凹地形底部较为平缓,具有较好的建设条件时,可作为校园的主要功能区域。周边山体的围合自然而然地提供了明确的方向性。步行空间形态通常顺应地形,沿坡度较缓的方向,穿越凹地形的底部,形成明确的校园轴线。在一些开阔的区域,步行空间的构成方式更为自由,可形成较为规整的网络组团。凹地形底部常见的溪流、冲沟等,在给步行空间形态带来限制的同时,也提供了丰富的景观设计元素,图4.8为穿越凹地形底部的步行空间形态示意图。

依斯莫大学校园在山谷形成线性形态的步行空间。校园位于危地马拉 Santa Isabel,基地为南北向延伸的山谷。校园沿谷地分为南北两段,南段为教学区、北段为实验和生活区。蜿蜒的线性步行空间是校园强有力的组织元素,是便捷的通勤通道和公共活动开展场所。在南段教学区,步行空间两侧小体量、窄面宽的建筑垂直于路径布置,既实现了南北向的良好朝向,也使周边的景观可以向步行空间中渗透。建筑界面的进退创造多个小型广场节点,便于开展多样的校园活动。校园北段基地较为陡峭,步行路径沿等高线延伸,一侧面向校园建筑,一侧面朝槽谷溪流。南北两端路径在溪流边的一块平坦区域相接,设计利用地面朝向水边的坡度形成一个露天剧场,成为校园中的公共活动节点。图4.9为 Istmo 大学步行空间分析。

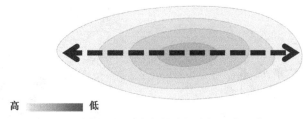

高 ▭ 低

图 4.8　穿越凹地形底部的步行空间形态示意图

　　汕头大学校园位于三面临山、一面开敞的隘口之中,具有明显的西北、东南轴向特征。校园格局在规整性和山地特征中取得平衡。教学生活区、体育景观区、教职工生活区由东北向西南平行排列。校园步行空间主要轴线顺应地势走向,自东南向西北延伸平行,主要呈山岭布局。同时增加与主轴线呈45°角的格网,丰富了步行空间形态,并与校外城市道路取得良好关系。校内许多建筑也采用与步行主轴呈45°角的网格形态,既照顾了南北朝向,也构成了校园空间的基本尺度模数,图4.10为汕头大学步行空间分析。

图 4.9　Istmo 大学步行空间分析

图 4.10　汕头大学步行空间分析

(2)环绕凹陷

　　当凹地形基地的底部不适于建设或面积不足时,校园常将其作为生态区域或开阔的场地,将主要功能区布置于周边。步行空间通常沿等高线串联各主要建筑与场地,拥有面向凹陷区域的良好的视野,较强的围合感和向心感。凹陷的地形常自然形成空间轴线,与步行空间的交点也自然定义了校园重要节点的位置,图4.11为环绕凹地形周边的步行空间形态示意图。

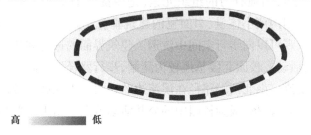

高 ▭ 低

图 4.11　环绕凹地形周边的步行空间形态示意图

　　武汉大学在建校之初采用 U 形平面的步行空间形态。校园位于东湖西南岸,基地起伏多变,山水相映,林木葱郁。设计将三合院式的空间运用到起伏的地形当中,选取狮子山、火石山和小龟山三座山丘夹持的隘口作为中心花园及运动场地,将建筑群布置在南、东、北三个方向的山体较高位置。步行空间主体位于建筑群的内侧,连接了北侧的图书馆及宿舍楼、理学院,南侧的工学院和东侧的大礼堂,形成了U形平面,结合隘口构成东西向的空间虚轴。虚轴向西一直指向校园大门,另一端穿越山体,指向东湖湖滨的景观建筑,构成了山麓、山体、湖滨的宏大格局。图4.12为武汉大学核心区步行空间分析。

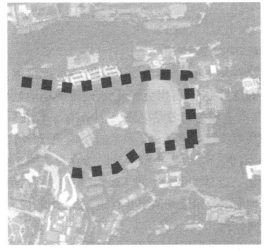

图4.12　武汉大学核心区步行空间分析　　　　图4.13　奥尔胡斯大学步行空间分析

奥尔胡斯大学在盆地中形成围绕湖面的环形步行空间形态。校园位于哥本哈根市区一块起伏的冰碛石上,中心原有一山涧。设计运用堤坝形成两个人工湖作为校园景观核心。在人工湖周边留出具有田园风格的空旷地带,形成中心花园,所有校舍在外围展开。步行空间呈环状围绕中心花园,时而逼近湖畔,时而串入建筑群,沟通了景观空间和主要的教学实验区。师生在行走于校园之中时,能体验到地形的起伏、道路的蜿蜒,领略到优美宁静湖景。图4.13为奥尔胡斯大学步行空间分析。

4.2.4　与坡地形的适应共生

坡地形位于山体的中部,根据朝向具有不同的景观、气候特点。在北半球,南向坡能接受大量日照,具有相对好的气候条件。坡地形中视觉方向性清晰,由于等高线的凹凸能形成向心或离心的空间。在复合坡向下,视野方向随路径不断变化,产生强烈的移步换景效果。根据步行空间主体与坡地形的关系,可分为步行空间主体平行于等高线或垂直于等高线两种。

（1）顺等高线

在基地允许的情况下,通常顺等高线布置校园各主要功能,并由步行空间进行串联。顺等高线使日常步行通行基本位于同一标高,避免了路径起伏带来的不适。等高线带来的曲折为步行空间增加了趣味性。顺等高线布置步行空间的情况可分为两种:一是主干道形态为单一线形,向周边拓展支路形成鱼骨状的结构;二是由多段沿不同等高线的主干道,及将其相互连接的路径构成的,网络状的结构。图4.14为顺应等高线的步行空间形态示意图。

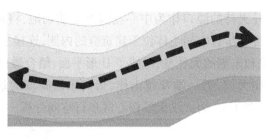

高 ▭▭▭ 低

图4.14 顺等高线的步行空间形态示意图

东安格利亚大学校园采用单一线形的步行空间。校园位于英格兰诺里奇,南临亚热河,北高南低,风景优美。为保留南侧水体周边良好的自然生态,留出更多开放、通透的场地,设计将校园功能区紧凑地布局于基地北侧。步行空间被作为与教学区系统、生活区系统并列的三大校园组成部分之一,包括总长达300 m的高架步行系统及400余米的楼旁、屋面及穿越楼体的走道。各建筑的形态、朝向等均与步行空间紧密结合,将整个校园结合为整体,保证学生能在5 min以内步行到达校园的各主要部分。立体的步行空间与起伏的地形结合,消解了部分高差。从基地的制高点出发,可自然从地面步行道走到架空步行道,一览南侧优美的自然风景。图4.15为东安格利亚大学步行空间分析。

新加坡国立大学肯特岗校区将多条平行于等高线的步行空间用自由的竖向路径串联,构成与山体紧密融合的网络形态。校园位于新加坡岛西部肯特岗山丘,基地呈单坡地形,北高南低,基地内林木茂盛,自然风光优美。校园步行空间由数条平行于等高线的道路及竖向联络路径组成,均采取曲折的形态,顺山势自由蜿蜒,营造出亲切放松的校园氛围。图4.16为新加坡国立大学步行空间分析。校园功能分区较为分散,中央为景观区,教学区和学生生活区混杂分布,可使得学生日常步行在合理的范围内,并自然地穿梭于优美的山地景观当中。

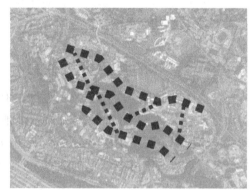

图4.15 东安格利亚大学步行空间分析　　图4.16 新加坡国立大学步行空间分析

(2)交等高线

当校园主要功能区域分布于不同的高程,步行空间主干道必然垂直或斜交等高线。一些校园通过大台阶等竖向的轴线步道形成宏伟壮观的视觉效果,但高差或坡度过大的竖向路径会给步行者带来较大不适,不利于鼓励日常出行和多种校园行为的开展,图4.17交等高线的步行空间形态示意图。

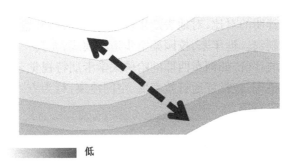

高　　　　　低

图4.17　交等高线的步行空间形态示意图

　　开普敦大学运用大台阶串联布置不同功能的台地。校园背靠大山，面朝开阔的平坦地带，基地本身具有较大的坡度。设计受到同样位于陡峭山坡上的意大利热那亚大学的启发，希望发挥该基地自然景色优势，将山坡以台地形式划分，由下向上分别是操场台地、宿舍台地和教学台地，在各台地中通过平行等高线的道路串联。各台地通过壮观台阶连接，最高处为古典柱廊式礼堂前的詹姆森广场，是学校进行毕业典礼等庆典的场所。在校园扩建时，台阶轴线依然作为校园主轴被延续到山脚平坦的地带，图4.18为开普敦大学步行空间形态分析。

　　香港科技大学采用廊桥、电梯等手段将高差巨大的校园各功能串联起来，一定程度上减弱了高差对步行的不利影响。校园位于香港西贡清水湾，距离市区较远，背山面海，视野开阔。基地为单坡地形，坡度极大，许多校园建筑修筑于山崖之间的小块台地上。校园入口为全校较高点，由最高的教学中庭开始，通过自动扶梯向下，进入不断跌落的步行连廊，再借助建筑内部的电梯通往更低的台地。架空廊道采用玻璃天棚、透空栏杆等手法，使步行者在日常通行时可饱览壮丽的山海景观。图4.19为香港科技大学步行空间主体形态分析。

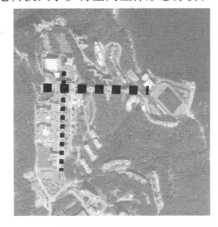

图4.18　开普敦大学步行空间形态分析　　　　图4.19　香港科技大学步行空间主体形态分析

4.2.5　与复合地形的适应共生

　　复合地形为多种山地形态的组合，地形走势复杂，地貌类型丰富。在校园及步行空间设计时，常无法用单一的方式进行处理，面临空间系统凌乱、空间碎片化等问题。该类地形下步行空间与地形的共生设计可分为跨越地形和多种适应两种。

　　跨越地形指通过建（构）筑物的形式，使步行空间部分或全部脱离原始地面，连接被地形隔离的区域，营造统一整体的校园空间格局的方式。该类型具有强烈人工化的特点，与自然地形自由的形态构成鲜明的对比,对地表产生较小的破坏,但其造价较高,可变性较差,步行者的行为受到路径的制约。近年来,校园架空步道的模式,尤其一些对必要性通行意义较小的案例受到许多负面的评价,如柯布西耶的哈佛大学卡朋特视觉艺术中心,伊利诺伊大学芝加哥分校二层步行通道等,被批评通行效率低、空间冷漠、行为方式单一等。图4.20为跨越地形的步行空间形态示意图。

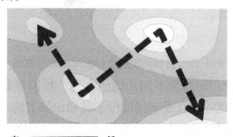

图4.20 跨越地形的步行空间形态示意图

南洋理工大学工学院采用桥型结构的巨构建筑,建筑屋面相互联系形成空中地面,串联多个山头。校园位于新加坡西南部,除南部较为平坦外,其余三面均为丘陵,丘陵之间为峡谷或凹地,北面丘陵坡度大多在15%~20%,高差最大达45 m,地形复杂。20世纪70年代,校园扩建方案中对功能分区及交通规划进行了调整,将原有集中在南部的教学区拓展到中部和西部,生活区布置于教学区两侧,运动场维持在东部。在教学区用长达230 m的桥形结构将被峡谷分开的山丘顶部联结起来,并在两侧形成分支,各部门被清晰地分布在各分支中。在起伏的地形中,桥形结构所形成的步行街能使学生从校园各区域方便的抵达中央广场,免于起伏带来的不便。图4.21为南洋理工大学工学院步行空间分析。

卡拉布里亚大学运用一条笔直的桥型结构串联校园各功能区域。校园位于意大利南部Calabria大区Cosenza的Rende镇,基地为浅丘地形,由多座条状山丘呈东西向排列而成。步行空间主体采取桥形结构,从南侧道路交叉口开始,串联了教室、图书馆、会议中心、体育中心和医疗、邮局等服务设施。部分宿舍和其他校园组团位于轴线的两侧。步行桥梁长约2 km,宽约8 m,校内日常大部分公共活动都在该步行桥上展开。2 km的距离对于步行而言过远,步行空间过于笔直,体验较为单调,当地气候夏季炎热,冬季多雨,桥梁上几乎没有任何遮阴避雨措施,缺乏对气候的回应。图4.22为卡拉布里亚大学步行主系统分析。

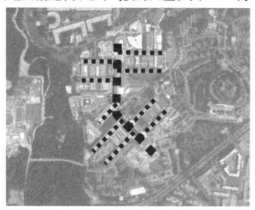

图4.21 南洋理工大学工学院步行空间分析　　图4.22 卡拉布里亚大学步行主系统分析

4.3　基于人车关系的步行空间整体系统共生性设计

4.3.1　山地高校人车关系的共生性特征

由于自行车的使用不便，机动车成为山地高校中除步行外的另一主要通勤方式。随着私人汽车的快速普及，车行系统对包括步行空间在内的各空间元素的影响日渐明显。两种不同类型的通勤方式既存在矛盾，也构成一定的协同关系。相比平原高校而言，在山地校园起伏的地形下，人车关系具有一定的特殊性。

（1）安全隐患突出

山地校园在交通安全方面的隐患较平原高校更为突出。山地地质情况千差万别，尤其在暴雨等极端情况下，易出现山体坍塌、滑坡、泥石流等自然灾害，对道路选线提出更高的要求。地形起伏使得道路总宽度狭小，通常在 20 m 以内，人行道本身的通行能力往往无法承载校园瞬时人流，行人被迫占用车行道的现象突出。地形起伏产生大量车行弯道、陡坡，使司机及行人的视线受到阻碍，无法及时对路况进行判断；机动车的制动性能以及行人的敏捷性也因坡度而减弱。由于学生的年龄特征及校园主要以慢行交通的通行模式，导致学生在校内步行时对机动车的警觉性低。在人流活动集中、与车行系统有交汇的活动中心、访问中心和交通枢纽等容易发生交通事故。研究还表明，校园车行环道上的车速往往较快，造成的事故往往更为严重。

人车关系的不合理对山地高校中的步行舒适性和行为多样性影响更加明显。日益严重的汽车通行和停驻使得本不宽裕的步行空间更为狭小，而且往往占用了山地高校本就稀缺的平地资源，在高校学生人数的增长的情况下，步行通道通行能力不足的情况更为严重，对步行系统连续性、舒适性造成极大干扰，大量需要开敞空间的行为难以展开。据调研，超过 50% 的教职工及学生反对校内路边停车，认为其侵占校园空间，破坏景观环境。

（2）环境污染严重

机动车交通是校园中主要的噪声污染源和空气污染源。由于道路的起伏，这些污染更为严重，对周边步行者的身体健康产生不良影响。

汽车噪声会导致学生精力不集中、情绪烦躁、理解力下降等。当汽车低速行驶时，噪声主要为机噪，高速行驶时主要为胎噪和风噪，加速行驶频繁的路段的噪声较匀速行驶的路段高。校内汽车多以低速行驶，所以在平原地区容易控制噪声影响，但山地区域起伏的道路会增加噪声。当坡度在 2% 以内时，噪声与上下坡无关；当上坡坡度为 3% ~4% 时，噪声增大 2 分贝；坡度对于载重车辆噪声影响较大，主要来自车辆制动及与路面的摩擦，上坡时可增高 10 ~15 dB，下坡时可增高 3 ~5 dB。

汽车尾气是校园大气的主要污染源，产生大量 CO、NO_x、$PM_{2.5}$、CH_x 等有害气体。高于或低于经济速度的汽车，尾气排放量均较大。在起伏变化频繁的路段，汽车加减速频繁，

CO、CH 污染大,较平直路段 NO 污染大有显著区别。道路曲度与油耗、尾气也有很大关系,弯道越多、半径越小,尾气排放量越大。

(3)代步作用明显

山地高校校园中,公共交通对步行的辅助作用更加明显。起伏的地形增加了步行通行的时间和体能消耗,降低了步行的可达性范围。在校园面积日渐扩大,校园之间、校城之间的沟通日益频繁的趋势下,步行方式已无法满足师生日常通行的需求。如根据 2011 年对深圳大学北校区的调研,学生群体认为有必要开行校内公交的比例为 42%,大大高于认为没有必要的 13%。此外,对于外来办事及游览者,需要与城市交通密切联系的公交体系,以便在复杂的校园内便捷快速地抵达目的地,或舒适地游览。

4.3.2　校园空间人车共生的基本模式

(1)人车分流

人车分流理论是 20 世纪初,由 C. 佩里在"邻里单元"理论中提出,针对汽车的大量普及对以步行为主的传统城市街道带来的干扰,为解决汽车的方便使用和居住区的安全、宁静需求的矛盾,将车行与人行在空间上相互隔离,营造完整的、宜人的步行环境的方法。建筑师及规划师克拉伦斯·斯坦(Clarence Stein)和亨利·赖特(Henry Wright)根据邻里单元规则,自 1928 年开始在美国新泽西雷德朋居住区中,率先实践了人车平面分流(图 4.23 为雷德朋居住区的交通组织)。其设计放弃了当时普遍采用的、易于测量与布局的直线隔栅式街道模式,通过分级道路系统、尽端路等手法使步行者与机动车在物理上彻底进行分离,保证了步行者的安全性,创造出积极的邻里交往空间。

20 世纪中期,德国人赫伯塞姆(Hibeseimer)提出立体分流方案,试图运用建(构)筑物形成上下两层交通网络。该时期,以史密森夫妇为代表的建筑规划师提出城市人车立体分流的方案,主张运用先进的建造方式,在高密度的城市中,以立体的形式重塑传统的街道空间。立体分流的设计理念在巴黎西北的德方斯(Défense)中央商务区中得到充分实现。这座从 20 世纪中叶开始规划修建的巨型城市结构实现了高密度城区内多种城市交通的组织和人造平台上自由的步行空间,保证了欧洲重要商务核心区域的良好运行(图 4.24 为 1964 年拉德芳斯片区整改总平面图)。

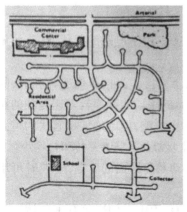

图 4.23　雷德朋居住区的交通组织　　　图 4.24　拉德芳斯片区整改总平面图(1964)

　　高校中人车平面分流较为普遍。在教学实验区、图书馆等日常步行最为密集的中心区域采用环状车行道,形成步行区域是最为常用的模式。外围的车行道和停车场避免了车行交通对校园的干扰,尽端车道或尽端环道解决内部必要的运输及救援问题,从步行中心区能方便地抵达车行道,完成出行方式的转换。一些尺度较大的校园常采用多个环形车道,形成多环并联的形式,图4.25为人车平面分流模式示意图。如加州大学 Irvine 分校运用圆形环道划分了中心区域,在环道内采用六组长方形建筑群围绕核心绿地,赋予了校园中心步行优先权;里士满大学校园规模巨大,拥有多个组团,各组团被相应的车行环路和停车场环绕,并通过纵横的市政道路相连(图4.26为加州州立大学斯坦尼斯洛斯分校车行与步行规划控制图)。平面分流模式加大了汽车在校内的绕行距离和道路的占地,可能造成停车场和工作场所之间、学生物品运输不便等问题;在较为复杂的校园,尤其是老校区中的适应性不强。并且,我国高校生活区与教学区间往往位于环道两侧,日常大量人流车流的交汇容易构成安全隐患。

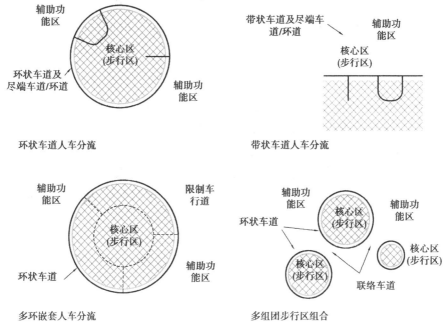

图4.25　人车平面分流模式示意图

　　立体分流采用多基面的模式,结合地形及建筑,在特定标高形成一个或多个步行层面,不仅保障了步行者的安全,还创造了一个给予步行者充分自由的空间网络。如日本埼玉县立大学将校园平面分为三个并排的条状区域,中间区域布置低矮的建筑并将其屋面连接起来,成为适于交流休闲的露天步行网络,汽车在网络下方穿越;伊利诺伊大学芝加哥分校运用一套架空步行系统,跨越校园紧邻的高速公路,深入到校园中心,并结合建筑屋面形成广场,图4.27为伊利诺伊大学芝加哥校区通往行为科学大楼屋面的天桥。更多校园在部分节点采取规模较小,更加灵活的立体分流方式。如哥伦比亚大学通过跨越城市主干道的架空广场与东侧的金融学院连接,架空广场上布置花坛、雕塑和座椅,为拥挤校园提供了一块闹中取静的场所,消解了城市主干道对校园的割裂。立体分流模式建设成本和维护成本较高,改造难度较大是其广泛运用的最大难点。所形成的下穿车行道常存在通风排烟、采光照明、清洁卫生等问题,更容易发生交通事故。

过度的人车分流会带来一些弊端,如尽端道路模式在人车分离的同时,可能产生步行的绕行,反而降低了可达性;在行人专用空间往往活动频繁,机动车专用道容易形成消极空间,在校园美观、卫生、治安等方面产生不良影响。

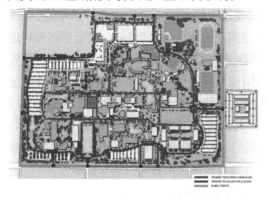

图 4.26 加州州立大学斯坦尼斯洛斯分校
车行与步行规划控制图

图 4.27 伊利诺伊大学芝加哥校区通往
行为科学大楼屋面的天桥

(2)人车共存

人车共存是在步行者优先的前提下,使人车共享道路空间的一系列设计及管理方式。20世纪70年代,荷兰代尔夫特开始了通过限制车速、降低交通流量以实现"交通稳静化"模式,实现行人、儿童游戏、小汽车慢速交通的混杂,平衡了行人安全与交通便捷,活跃了街道空间的气氛。其具体做法包括物理隔离、移除标准化的道路标志以体现行人优先权、道路全部按人行道风格铺装、不鼓励过境交通、布置水平曲线或步行安全岛等限制车行速度和车流量、使用街道景观元素吸引人驻留等。

20世纪90年代至21世纪初,欧美等国在交通稳静化理论的基础上,进行了自适应道路、背景敏感性方案、文明街道、完整街道、道路瘦身等探索。自适应道路从驾驶人的角度出发,通过特殊车道和稳静化手段减少驾驶失误,加强驾驶的舒适感;背景敏感设计使用稳静化方法,在保障安全性的同时确保交通项目顺应社区的价值背景;文明街道主要针对欧洲居住型和活动中心型街道,改善道路安全性、宜居性和社区互动,为所有使用者服务;完整街道针对北美街区交通,与文明街道较为相似;道路瘦身针对北美道路,为其他交通方式进行空间再分配,降低车速,改善交通安全。

高校校园一般都通过各种管理方式对无关的社会车辆加以限制,高峰交通量不大于200辆/小时,车行道路设置的主要目的在于解决可达性而非快速通过性,人车共存模式在校园车行道中运用更为广泛。在大部分校园区域中,均可通过空间布置和管理设施让人行和车行共享空间,在保障步行者优先的前提下进行道路设计。人车共存措施借鉴城市稳静化模式,在保障车行网络密度合理的情况下,在车行交通较小的路段采取空间细节处理、交通设施布置等措施。包括平面线形设计为蛇形或锯齿形,迫使车辆降低速度,减少穿越交通,同时丰富景观(图4.28为台湾大学由直改弯的舟山路);提倡双向通行,避免单向道路车速过高的情况;在道路断面设计中,在路边人行道与车行道间布置适宜的绿化隔离带等隔离设施;路面铺设不同颜色与材质,在视觉上形成驼峰、槽化岛,引起驾驶者注意并增强趣味性;在交叉口设置限速交通标志,传递交通信息(图4.29为马萨诸塞大学波士顿分校步行车行交叉路口);间断性地缩小车行道宽度,在道路边缘和中间种植植被,造成不易通行的视觉效果;将道路部分抬高或降低,形成凹凸状,在车辆经过时产生震动等。这些措施在解决人车交通问题外,加强了街道的景观效果,使道路更加具有吸引力(表4.1为人车共存方式的作用及特征)。

图4.28 台湾大学由直改弯的舟山路　　　　图4.29 马萨诸塞大学波士顿分校步行车行交叉路口

与城市道路不同,校园道路在断面设计中更强调人行的需求。应避免为实现开阔的视觉效果,设置过宽的车行道,或过分强调校园绿化,有效步行宽度被植被占据的情况。龚岳在《大学校园部分道路指标数值的研究》中提出,当校园面积在2 000亩以上时,主干道旁人行道宽度可取3~3.5 m,次干道旁人行道可取2~3 m;当面积在2 000亩以下时,主干道旁人行道可取2.5~3 m,次干道旁人行道可取2~2.5 m。针对校园特有的潮汐式人流,可采取机动的路权管理策略,在上下课高峰期或需要占用车行道作为公共活动空间时,禁止车行或减少车道。如里士满大学针对校园面积过大,被市政道路割裂,在校园内部必然存在人车矛盾等问题,在校园总体规划中,将步行流线和车行流线进行对比分析,得到人车易产生冲突的路段,并采取相应措施保障人行安全。

表4.1　人车共存方式的作用及特征

资料来源:天野光三·人车共存道路计划、手法,1992.

人车共存措施	降低车速	减少车流	视觉感受	其他特征
路面高程变化	＊＊＊＊	＊＊＊	＊	增加噪声及震动
限制通行	＊＊＊	＊＊＊＊	＊＊	选择道路困难
路宽变小	＊＊	＊＊＊	＊＊	车流量小时作用不明显
变换铺装	＊＊	＊＊	＊＊＊	夜间效果低
出入口管制	＊＊	＊＊＊	＊＊	造成交通阻塞
道路标志	＊＊	＊＊	＊	影响视觉感受

注:＊＊＊＊表示效果明显,＊＊＊表示效果良好,＊＊表示效果一般,＊表示负面效果。

(3)人车协同

一个完整的出行过程往往由不同的通行方式构成,其中,以公共交通加步行的方式在解决较远距离通勤的同时,将道路交通压力和污染控制在一定程度内,有利于具有合理高密度的公共节点的形成,对区域的发展起到一定的引导作用。20世纪中叶,这样的出行模式开始成为城市开发建设的关键要素。美国在城市中进行交通需求管理(TDM),或称为出行管理,针对如何提高运输效率、减少拥挤、节约道路、改善安全、降低污染等目标,结合步行与车行,特别是公共交通的优势,推出政策引导措施。在出行管理基础上,逐渐形成被称为"交通导向发展"(TOD)的城市发展模式。该模式以公交站点为核心,通过合理设计,鼓励人们乘坐公共交通,并以站点为核心发展为具有合理步行范围的紧凑型、功能混合的社区。公共设施及公共空间布局邻近公交站点,成为地区的枢纽。

近年来,我国一些学者在此方面进行了大量研究。潘海啸等人基于我国不能全面实现公交优先的现实情况,提出 POD>BOD>TOD>XOD>COD,即 5D 模式。模式提出城市建设首先应考虑良好的步行环境,再依次考虑自行车交通、公共交通、城市形象改善和小汽车交通。戴德胜等人提出步行与公共交通共生的概念,一方面指步行空间与车行空间在一定程度上的穿插重叠,另一方面指两种通行方式满足较远距离的出行需求。杨靖强调了公交站点位置与服务半径、服务人群之间的关系。

公共交通与步行在通勤方面的互补作用是当代高校校园设计的必然趋势之一。随着校园规模的扩大、校城融合的加深,步行已无法完全满足校园日常出行的需求。公共交通在实现中远距离快速通勤的同时,避免了大量私家车带来的交通拥挤和污染问题,是校内步行出行的良好补充,为校内师生、来校办事人员、游客提供一种出行方式。校园公共交通可分为校内公共交通和城市公共交通。校园公共交通在国内外校园中已大量运用,是连接校内各主要节点的交通工具。城市公共交通是联系校园与城市的纽带,将城市公共交通引入校园的模式最早于1969 年在美国加州圣迭戈分校出现,并在全球范围内普及(图 4.30 为华盛顿州立大学校园公交线路)。我国新建规模较大的校园或大学城多将城市公共交通作为校园日常出行的一部分。公共交通的站点也通常是步行行为的起讫点和公共节点,成为步行空间系统设计的要素之一。与城市设计中的公共交通导向(TOD)模式类似,校园公交站点,尤其是内外交通及内部重要换乘枢纽站点不仅是交通方式转换的节点,也是重要的公共交往空间(图 4.31 为普林斯顿拟建 2#停车场选址分析)。该空间可形成以站点为核心,以步行为移动方式向周边扩展,形成具有圈层性的、公共性向外不断减弱的区域。中心是发生等候、交流等停驻行为,并提供恶劣天气时的躲避的场所;向外是各种公共服务设施,流动性较强的功能区域;再外侧是相对独立的各功能区,停驻性较强的区域。步行空间应以站点为中心,结合自然地形和建(构)筑物的布置,建立各区域与站点的便利联系。

图 4.30　华盛顿州立大学校园公交线路

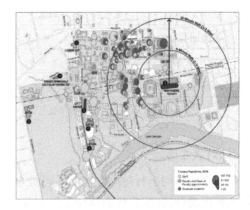

图 4.31　普林斯顿拟建 2#停车场选址分析

资料来源:Princeton University Campus Master Plan.

4.3.3 山地高校人车关系的设计方法

受地形地貌的强烈影响,山地高校校园的人车关系表现出强烈的特殊性,使得传统的人车关系设计方法丧失适用性。如在山地条件下惯用的环形车道模式通常难以实现;为满足不同高程区域的可达性需求,不得不采取盘山路、折返路等迂回的道路线形,加大了车行道的密度和对校园空间的占用,造成车行道对主要公共活动区域的穿越。山地地形也带来了一定的优势,如蜿蜒的空间形态自然降低了车速,起伏的地面为人车立体分流创造条件等。

(1)平面立体交织的人车分流

山地校园中的道路规划受限众多,如适宜建设范围狭小且轮廓不规则,用地碎片化,并包含冲沟、崖壁、水体等地貌等。按一般平原高校普遍运用的校园环道模式,可能会造成大填挖、大挡墙的现象,不仅留下地质灾害隐患,对自然生态造成不利影响,还产生汽车绕行、攀爬等不便、可达性降低、噪声和尾气增加等问题。有的校园起伏明显,车行环道的各路段位于高差巨大的不同标高,实际上也基本失去了平原高校中校园环道的意义。

在山地高校车行道线形设计时,应因地制宜、充分利用自然山势、水系,采用灵活多样的道路形式,串联校园位于不同标高的各个部分。结合山地高校常用的多组团的布局形式,采用蔓藤状的结构,主干车道迂回地贯穿整座校园,围绕组团的车行环道或尽端式道路形成一个个小型的步行区域,再利用立体分流方式在节点处将各区域连接。这样既有利于减少道路的建设和维护成本,也能营造出具有山地特色的校园景观。如香港中文大学,其每一所书院形成一个较为独立的组团。在起伏的基地中,车行主干道在山中盘绕,除围绕中心教学区形成步行区域外,还连通各组团的步行区域。在中心校园南侧环道与大量步行人流的交汇点,运用天桥将道路两边的建筑连接。天桥与内侧步行区域标高一致,使人自然地完成了两组团间的过渡(图4.32为香港中文大学校园地图)。

有的校园整体采用立体分流的方式,结合地形的起伏特征形成连续的步行系统基面。一些高校采用巨构建筑的方式,将庞大的建筑体量架起,如南洋理工大学工学院采用宏伟的桥型结构,将几个突出的丘陵山头连接起来,形成空中的步行街道,车行道则位于下方的峡谷之中;德国波鸿鲁尔大学在倾斜的基地上,用网格状的巨构建筑,使车行道和停车库自然而然地位于与街道相同标高的步行基面下方(图4.33为德国波鸿鲁尔大学鸟瞰图)。这样大规模立体分流的方法会造成前期建设成本高、分期建设不灵活、改造灵活性不强、维护成本高、车行道阴暗不卫生等问题,目前已较少采用。许多高校采用运用连廊连接单栋建筑的方式,使建筑成本更低,也更加灵活。如英国帝国理工大学在教学楼、行政楼、礼堂等主要建筑之间布置庞大的步行网络,主要运用架空连廊的方式将不同建筑联系,解决了繁忙的日常人流与其下方车行道的交汇问题。

(2)考虑道路坡度的人车共存

人车共存道路通常构成了校园人车关系的主体。由于重庆山地的起伏地形,使人车共存在控制车速、道路断面、路口设计等方面具有特殊性。

图 4.32　香港中文大学校园地图　　　　　　　图 4.33　德国波鸿鲁尔大学鸟瞰图

　　对行车速度的控制应尤其注意一些特殊路段。山地高校常因循地形形成曲线的道路线形，使得驾驶员必须谨慎地操纵方向盘沿路蛇行，一定程度上起到减缓车速的效果。在急弯、陡坡、长下坡等容易发生交通事故的路段，可布置驼峰使车辆通过时产生颠簸，迫使其减速，还可设置电子视觉装置等，对过快的车速予以警示。尤其在下坡左转的弯道，通常较快的车速及汽车左前支架对驾驶员视线的遮挡都构成更大的安全隐患。

　　坡度给道路断面设计带来一些特殊性。随着坡度的增大，人的步行速度降低，步行者间的距离增大，人行道通行能力降低，容易挤占车行道。同时，斜坡上车辆制动性能减弱，交通隐患较大。在这些路段，如不能实现人车分流，则应在满足消防、通行要求的情况下，应尽可能收窄车行道，便于行人穿越，将更多的路幅留给行人。也可结合地形，采用微高差的方式，使车行道和步行道处于不同的标高。当步行道高于车行道时，步行者能获得朝向车道的开阔视野，同时避免车辆失控撞向人行道；当步行道低于车行道时，形成相对安静的空间。在起伏多变的地形下，步行道与车行道空间关系的不断变化，结合穿越道路或建筑的路径，可产生丰富的空间效果。当无法基于自然地形达到所需宽度时，可通过筑台、悬挑、架空等人工构筑方式，但应注意与景观的融合（图 4.34 为利用高差的人车共存道路断面）。

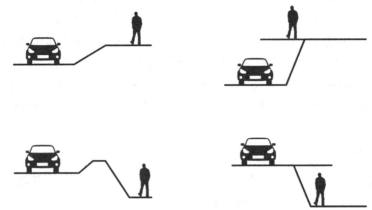

图 4.34　利用高差的人车共存道路断面

　　大量人流与车行道的交汇点要依据道路情况进行选择。应尽量选择平缓的、视野开阔的直线路段布置交汇口,并设置减速带、警示标志等降低车速。两侧应布置开敞的步行缓冲空间,并可布置信号灯等方式在大量人流穿越时保障行人的安全。交汇节点的路面材质宜与步行道相近,并与步行道齐平,显示步行者享有更高的路权。

(3)顾及地形高差的人车协同

山地校园组团式的布局、路径起伏等容易造成日常步行通行距离过远、步行可达范围缩小、适宜步行时间缩短等问题,尤其在炎热、雨雪等不良天气条件下,加剧了步行的困难程度。在此情况下,公共交通与步行协同的重要性更加突出。设计既要考虑到公交对步行通行的辅助作用,也应基于公交站点位置,确定步行空间的布置方式。

公交对步行的辅助作用应强调对站点的布置,线路的安排及班次的确定。除在平面上考虑常规的公交站点服务范围外,应根据基地地形及步行空间情况,寻求适合重庆地形特征及高校师生生理、心理特征的适宜服务范围,增大在高差较大的区域的站点密度和运输强度。线路安排应在区别不同服务对象的基础上,以地形高差大、步行通行困难的路段优先。采用转弯半径小、爬坡能力强、安全性高的车型,甚至考虑缆车、自动扶梯等较大容量的交通方式。如华盛顿州立大学在2012年校园总体规划文件中,针对校园核心区步行距离过长以及校园未来向东部丘陵地带继续发展的情况,提出了校园交通必须依赖车行与步行相结合的观点。规划让城市公交与校园公交形成互补,使校内通勤时间控制在15 min以内,为学校未来科研工作顺利进行提供交通上的保障。

应结合地形高差布置立体的多基面的复合公共活动空间体系,既能避免两种不同通行模式的干扰,也能发挥站点作为多条流线汇集的节点的社会意义。如新加坡淡马锡理工学院在主入口处利用覆土屋面形成广场,广场后的弧形综合楼底部布置银行、书店等公共服务设施,提供多种公共服务,形成以城市交通枢纽为核心(图4.35为新加坡国立大学步行空间及穿梭车规划);香港中文大学专门为不同目的的人群制作校园公交及步行路线导引,帮助快捷舒适地抵达目的地(图4.36为香港中文大学校园公交步行路线指引);香港大学多个校门与城市公交车站或地铁站相连,主校门与高差巨大的地铁站之间通过垂直升降系统连接,并与地下通道、天桥等联系构成复杂而便捷的枢纽。

图4.35　新加坡国立大学步行空间及穿梭车规划

图4.36　香港中文大学校园公交步行路线指引
资料来源:校园官网

5 步行空间系统元素的共生性设计

5.1 步行空间系统元素的构成

按所处的环境特征及重庆地区一般的校园设计、建造模式,系统元素可分为景观步行空间元素和建筑步行空间元素两大类。景观步行元素指位于室外,通过山体、水体、植物等围合的步行空间,是校园步行空间的主体;建筑步行空间元素指位于建筑室内或由建筑物构成其主要界面的步行空间,包括连廊、底层架空、屋面平台等空间。由于师生活动主要位于室内以及不受天气影响,建筑步行空间与师生的关系更为密切。

5.1.1 景观步行空间元素

(1)广场

校园广场是一种有意识创造的"面"空间,能有序组织人流、车流,开展庆典等公共性、利益性校园文化活动,为师生提供适于停留、促进交往的场所。与西方广场一般以容纳公共活动为主要目的不同,我国习惯于广场平面的规则化,有意识地创造一个完整的、合用的露天空间,使其产生轴向特征,形成一定的精神氛围,对周边建筑及景观布局构成重要影响。按位置,可分为校前广场和校内广场,其中校内广场可按所处功能区分为教学区广场、生活区广场等。校前广场作为校园与外界的联系节点,是外向型的广场,具有梳理校内外交通、展现校园形象的作用。校内广场联系周边不同的功能区域,是内向型的广场,注重空间对各种公共行为的支撑,是活动的触媒器、发生器。如教学区的广场通常追求营造宁静、典雅的气氛,诱导休闲、研讨等行为;生活区的广场追求活泼生动、充满活力,诱导课余活动发生。

山地高校中难以形成严格轴线对称和规整的广场形态,常因循地形在竖向上形成多基面的特征,使功能组织、交通流线等产生丰富的变化(图5.1为日本北九州女子大学广场)。常结合建筑屋面、地面材质或绿化布置等方式,尽量维持空间的规则。

(2)庭院

庭院一般指由建筑围成、具有一定景象的空间,作为人们室内场地的扩大与补充。相对于广场,庭院具有向心性、室内外二重性和人性化的尺度,使空间的边界效应减弱,人的交往活动更容易从边缘发展到中心,适合于小群交往,有利于在亲切的氛围中进行信息、知识的相互传递与碰撞,符合当代高等教育对促进交往的需求。在中西方校园中,庭院均是具有特殊含义的空间元素。在我国传统书院中,庭院是构成层进式轴线的基本单位,也是传统园林艺术的重要表现场所;在欧洲早期大学中,庭院是教学基本单元,方院的核心空间,是重要的室外活动场所,常采用几何化的图案,连接周边不同节点的、互成角度的交错直线步道模式,具有结构清晰、轴线明确的特点。

在山地中,庭院的围合界面具有更强的丰富性,除建筑、植物外,自然山体或堡坎等人工构筑物也可能成为庭院的围合界面。庭院的基底可随自然地形起伏,连接周边不同标高的场地、建筑,或连接同一建筑的不同楼层,不仅在平面上、也在竖向上成为联系的枢纽(图5.2为西班牙拉古纳大学艺术学院庭院步道)。

图5.1　日本北九州女子大学广场　　　　图5.2　西班牙拉古纳大学艺术学院庭院步道

（3）街道型步道

街道型步道指由建筑或人工化的植物界面限定的,类似于城市街道的线性步行空间,通常是校园步行交通的主要载体。除通行外,该类型步道贯穿校园活动密集的区域,建筑内部的活动通过立面的渗透,与外部场地中的信息碎片一起被传递到街道中,被捕捉并产生关联,形成拼贴的图景。行人自身也自然地参与拼贴的图景中,获得身份认同感,这正是校园生活的魅力所在。

山地高校街道型步道具有独特的道路线形、景观视野及与周边建筑的关系。步道跟随地形起伏,常形成蜿蜒曲折的线形,并在竖向上发生变化,使得步行体验更加丰富。立体的视野不仅可让景观渗透到步道中,还可观察到不同标高的活动。根据场地特征,步道不但可与建筑的底层连接,还可与建筑的多个层面相连,甚至与建筑形成穿越、跨越的关系,促进了室外步行空间与建筑内部的关联(图5.3为日本岩手县立大学中轴步行街道)。

（4）山体型步道

山体型步道指位于校园中自然山体的步行空间,引导师生由人工环境向自然环境转换,在劳累的学习生活之余,放松身心,愉悦心情。该类型步道一般起伏较大,强调游憩、生态等功能,不以交通为主(图5.4为美国辛辛那提大学山体步道)。

图5.3　日本岩手县立大学中轴步行街道　　　图5.4　美国辛辛那提大学山体步道

　　根据所处的山位,步道表现出不同的特征。如位于山脊的步道,贯穿山脉或多个山丘,占据相对较高的海拔,对较低处的景观拥有开阔的视野,观察区域的总体情况,常通过平台、亭塔等形式强化其标志性和观景特征;位于坡中的,与等高线平行的步道具有明确的视野方向性,尤其在坡度较大的区域呈现出崖线的形态,根据山体等视觉障碍物形态呈现不同视野,需加强对视线和转换节奏的控制,提高空间体验的丰富性;位于山谷、冲沟中的步道通常空间封闭,视野受阻,有常年或季节性水流,应确保泄洪需要及地质稳定,尽量处理近景景观,提高精细化程度;集中解决竖向的步道通常采用梯道的形式,多呈"之"字形转折以弥补平面距离的不足,其休息平台是行为、视线转换的节点(图5.5为不同山位视野)。

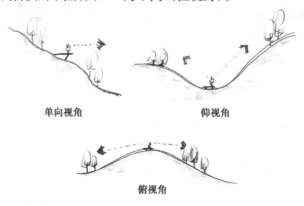

单向视角　　　　　　　仰视角

俯视角

图5.5　不同山位视野

(5)滨水型步道

　　滨水型步道位于陆地和水域两种截然不同地貌的交界处,划分了人们自由行走的边界,引导师生感受水体带来的美景及怡人的小气候环境。山地水体的岸线通常具有一定的坡度,水体也随降雨或季节涨落,形成消落带。滨水步道设计不仅要考虑水体因素,更要考虑与岸线的关系。

　　按所处环境,步道可分为陆地、湿地和水中的滨水步道三类。陆地上的滨水步道一般顺应水势走向,在水体较窄的地方通过架桥等方式联系两岸。在路段中常通过亲水平台,或延伸至水中的梯级、斜坡等形式加强亲水性。湿地的滨水步道通常位于消落带中,场地基质不稳定,动植物分布丰富,常采用架空等将步道与场地分离的方式,减少对生态的影响。水中的步道常作为节点间的交通联系,采用堤坝、架空、汀步的形式,使步行者仿佛置于水中,呈现出较强的趣味性。

5.1.2 建筑步行空间元素

(1)中庭

中庭是建筑内部跨越多层,有顶盖的、较大的共享空间,是建筑内部不受外界天气影响的"广场"。除引导交通集散的作用外,容纳了自修、教学、展览、集会、交往等众多活动,是汇聚信息、展现活力的舞台。自21世纪初起,英国等在高校建筑设计的指导意见中,明确提出通过增加中庭面积、扩展功能等方式,使教学建筑由"教学处理机"向复合化发展。如伦敦西敏寺学院新教学楼用错动的楼板围合中庭,除交通通道外,布置各种复合用途的空间及设施,并弱化了功能房间与中庭的边界,使中庭与周边的活动得以渗透。

中庭按平面形态,可分为核心式中庭、线式中庭和复合式中庭。核心式中庭通常为较规整的方形、圆形等,具有向心性和内聚力;线式中庭长宽比较大,方向性强;复合式中庭是核心式与线式中庭的组合。结合地形及各功能的分布,山地高校的建筑中庭不仅在平面上,在竖向上也易产生丰富的变化,可能产生台阶式中庭、螺旋式中庭等形式。常面向山地景观开敞,甚至将山体纳入中庭中作为界面或景观小品。

(2)走廊

走廊是以水平交通为主、类似于街道的线性空间,是串联各功能房间的最常用的方式,也作为各功能间的过渡及延伸。走廊在很大程度上决定了建筑的形体特征,如直线、曲线、口字形、鱼骨形、放射形、网络形等。按围合方式,走廊可分为双侧围合的内廊、单侧围合的外廊和双侧开敞的连廊。内廊连接的效率最高,但空间感受不佳,难以吸引通行以外的行为发生。外廊开敞一面或朝向室外,或与中庭等结合形成复合式的共享空间。连廊是一种中介空间形式,相对独立于建筑体,起着建筑群组织、场地围合、穿越障碍等作用,有顶部结构的连廊能满足全气候的通行,并让景观得以渗透,在欧美等"一体式"、巨构式校园中盛行,近年来我国也运用广泛。

山地高校中,建筑走廊通常以适应地形为主,常出现自由、错动的线形。如加拿大多伦多大学士嘉堡校区斯卡巴勒学院顺应等高线的方式布置走廊,形成一栋近千米的条形体量建筑,蜿蜒于校区与植被茂密的公园交接的坡地上。走廊内采用天窗等多种方式进行采光,让人在室内也能体验到外界的天气变化。当走廊的线形与等高线形成呼应,能加强地形本身的围合感。

连廊的运用较为普遍,能便捷地跨越起伏的场地,或水域、车道等障碍,连接相似的标高,形成统一的基面。走廊的断面常联系地形、室外景观、竖向交通等因素,形成一些放大的节点空间,便于师生的休闲、小群聚集等活动。

(3)屋面步道

屋面步道是位于建筑顶部露天开放的步行道,是由建筑体所形成的最大程度接触自然环境的空间。高校建筑中设置步道的做法较为普遍,常作为高密度的校园中地面活动空间不足的补充。相对于地面,屋面拥有更强的隐蔽性和私密性,便于对使用者加以限定。屋面通常具有良好的视野,也容易被更高的位置观察到,具有较强的景观功能,常与植物种植结合起来,形成屋顶花园,弥补建筑对地面生态空间的占用。

山地高校的屋面常与实体地表结合在一起,形成复合形式的基面空间,是平地资源不足条件下布置广场等大尺度平整空间的常用方法(图5.6为香港科技大学步行廊放大节点)。有的校园中甚至以屋面为主体,形成人工基面。如新加坡共和理工学院教学区建筑,将裙房设计为大底盘的形式,底盘表面边界部分与地面顺接,形成宽阔平整的户外交流活动场所,联系布置于其上的十余个楼栋。屋面的不同形态、材质和组合方法能实现丰富的效果。如乌德勒支大学图书馆将屋面设计为铺满草坪的斜面,可通过坡道走到建筑顶端,形成类似自然山地的步行空间,吸引人在坡屋面上休息、交流;中国美术学院象山校区专家接待中心在青瓦坡屋顶上布置起伏的步道,让人获得独特的艺术感受;意大利乌尔比诺喀布契尼大学城特里邓代学院,位于坡度达30°的山坡上,设计将建筑分解为多个重复的单元体量,沿山坡跌落,下层的屋面成为上一层的活动平台,为各单元提供舒适的景观空间。

图5.6　香港科技大学步行廊放大节点

(4)架空层步道

架空层保留、简化建筑底层结构承重构件,形成有顶但没有四周围护的,流动通透的空间,起到给建筑带来轻盈的体量感、整合周边场地、创造遮风避雨的积极公共空间、贯通穿堂风等作用。架空层既定义了空间的边界,也使空间继续延伸,既便于形成利于交往行为的边界效应,又便于成为交通的途径。

架空所构成的与山地地表间的间隙,既保证了建筑体量的完整,也减少了对场地起伏的改动,与山坡、树林等地貌特征融合在一起。架空层中的步道可结合地表的倾斜,形成台阶式观众席等活动空间。如南京艺术大学图书馆通过架空层形式(图5.7为南京艺术学院架空层步道),整合了周边不同标高的场地,在架空层内部布置丰富的步道和活动空间系统,提供了学生公共活动的节点。架空层使立体的山地景观得以穿透,通常使另一侧更高处的步行者能轻松俯视,并起到景框的效果。

(5)竖向步道

建筑的竖向步道包括楼梯、坡道,以及电梯、扶梯等机械设施。竖向步道是解决楼层间人流的垂直交通元素,是二维平面向三维空间的过渡。坡道、电梯等一定程度上消解了"层"的概念,让不同标高平面得以延续。

竖向步道与山地本身的起伏具有一定相似性,除垂直交通功能外,可加强步行者对地形的感知。如哥伦比亚大学布朗楼东侧,顺应室外南北半层的高差形成坡道,并将坡道复制折叠向上,形成大楼中的主要的竖向步道,并在坡道上布置座椅等设施,成为楼层间连续的交往空间。机械式竖向交通在高差较大的山地区域更具实际意义,极大地减少了步行的难度,提升了可达性。如香港科技大学通过建筑中的电梯及空中廊道,将近百米高差的北侧生活运动区与南侧教学区联系起来,成为学生的主要日常路径(图5.8为香港大学内的自动扶梯)。

图 5.7　南京艺术学院架空层步道

图 5.8　香港大学内的自动扶梯

5.2　景观步行空间元素的共生性设计

5.2.1　景观步行空间元素的共生性特征

山地高校校园景观区域,尤其是自然山体、水体具有较强的生态意义,甚至作为城市生态斑块、生态廊道的重要组成部分。在为校园户外活动提供优雅环境要素的同时,也受到人工建造、人员活动的不利影响。景观步行空间元素的共生,在取得自然生态与校园活动需求的平衡。

(1)步行空间对山地生态的干扰

山地生态系统是由山地景观内活跃的物理—化学—生物过程组成的系统,是"山地环境"的代名词或简称。生态系统为生物提供生境,是一个包含空间、时间、物质和能量等多种生态因子在内的多维体系。山地生态系统是一种具有特殊空间形态和属性的环境,是环境变量组分的特定表达形式。山地生态系统是被地形特征所定义,不同于一般意义上的抽象的生境生态。

按不同的分类标准,可将山地生态系统分为不同的类别(见表5.1)。重庆地区山地生态系统具有亚热带、石灰岩或花岗岩、湿润地区等属性,且高校中通常山水兼备。本章依据地貌,粗略地将其分为山体生态系统和水体生态系统两类,讨论步行空间对山地生态的干扰。

表 5.1　山地生态系统分类(列举)

资料来源:作者自绘

分类标准	类别
按水平地带(热量)	热带亚热带山地生态系统,温带山地生态系统,寒温带山地生态系统
按地质岩性	石灰岩山地生态系统,黄土高原山地生态系统,花岗岩山地生态系统
按地貌	高山地生态系统,中山地生态系统,低山地生态系统,河谷生态系统
按坡度	陡坡生态系统,缓坡生态系统
按气候	干旱区山地生态系统,湿润区山地生态系统
混合分类	横断山地生态系统,干热河谷生态系统,高寒山地生态系统,小流域生态系统

山体生态系统由岩石、土壤、植被、动物等构成。铺设人工步道必然改变微地形环境和土壤理化性质,在两侧形成新的林缘,威胁原有植物的分布和层次结构。在使用过程中,视觉干扰、噪声干扰、污染排放等对野生动物种群带来危害,发生生境回避和巢区转移行为。路面宽度构成动物移动的障碍因素,2.5 m 的道路使甲虫、狼蛛等难以通过,6~15 m 宽度使小型哺乳动物通过十分困难。人的通行使土壤有机物锐减,如一周内 8 000 人通行的小径,枯枝落叶体积减小了 50% 。两人以上的结伴通行、快速通行等能引起鸟类行为的改变。研究表明,游步道边缘土壤动物种群仅 1 917 个,远少于远离步道区域的 2 316 个。

步行空间对水体生态的影响主要作用于滨水区域。该区域生态系统由水体本身、沿水体周边的基质及植被带构成。山地区域的水体受到季节、降水等影响,通常具有明显的消落带。这些消落带往往形成多样的湿地景观,为微生物、昆虫、鱼类、鸟类等野生动物提供良好生境,使物种在斑块及基质间的流动。这样的生态系统对步道的建造更为敏感。步道本身可能对两侧水流、动物迁徙形成阻碍,影响流域的廊道连通性,或改变生态廊道的走向。在水、空气及微生物等不断反复侵蚀下,步道构成材料中的人工物质更易渗入自然之中,改变周边的化学成分。行人所产生的干扰也对野生昆虫、小动物的活动产生干扰。

(2)山水资源对户外活动的诱导

户外活动是学生校园生活的组成部分,对于学生身体健康、社交能力培养等综合素质成长具有极其重要的意义。扬盖尔将户外活动分为必要性活动、自发性活动和社会性活动,其中,后两者也可笼统地归类为非必要性活动。在校园中,必要性活动指校园生活必须面对和处理的事务,如上课、就餐等,一般不因为环境的改变而更改计划;自发性活动是在有参与意愿并时间地点允许的情况下发生的活动包括散步、跑步、自修;社会性活动在自发性活动基础上增加了"有其他人参与"的属性,使活动具有了一定的社会属性。步行空间环境对必要性活动,尤其是对必要性通行的影响较小,但对非必要性的自发性活动、社会性活动影响较大,很大程度上决定了活动发生的可能性。在当代高等教育理念中,自发性活动与社会性活动的价值受到极大重视,成为学生获取知识、更新认知、提高能力的重要途径(表 5.2 为户外活动发生概率受环境影响示意)。

自发性的户外活动以游憩活动为主,能培养个人才能、情感、身体和社交的发展,帮助学生获得美好生活的最佳休闲习惯,成为高素质、多才多艺的人才。我国中小学教育阶段对该方面的教育缺乏,导致学生此方面技能普遍不足。在进入高校后,在生活突变,学业、人际压力,自身心理缺陷等因素下,容易出现对客观环境、自我及周边人群的认知误区,产生回避正常游憩活动,盲目追求消极消遣、沉迷网络,甚至违法乱纪的交往休闲行为,不仅不利于知识的获取和创造,更有碍于健全人格的培养。良好的环境能帮助学生提升对游憩的认知水平和价值的判断能力,引导学生形成健康向上的休闲价值观,更好认识生命价值和意义;能养成人对自由时间的科学支配能力,挖掘自身潜能,提升生活质量。

表5.2　户外活动发生概率受环境影响示意

户外活动类型	活动列举	活动发生的可能	
		较差的环境	较好的环境
必要性活动	上课、就餐通勤	●	●
自发性活动	散步、跑步、自修	•	⬤
社会性活动	集会、交谈、宣传	•	⬤

注:黑点越大表示发生概率越高。

社会性的户外活动具有文化传承、实践体验、创新创造等育人功能。通过参与有组织的社会性活动,可将校园文化和所倡导的核心价值精神传承和内化为学生自己的思想意识和行动。这一过程不断强化大学生的集体意识和优良品质,促进思想自由、团结协作的价值取向。社会性活动具有提升大学生社会能力的作用。通过模拟社会的实践运行,激励大学生顺应社会发展,自觉成为其中一员。在社会活动的参与中,能锻炼其基本的审视思辨、组织协调、沟通交流、自治自律、创新创造等能力,弥补第一课堂中对实践教育的不足。

受地形限制,山地高校步行空间具有空间破碎、高差明显、平缓用地不足等问题,不利于户外活动尤其是对空间尺度需求相对较高的非必要性活动的开展。另外,"知者乐水,仁者乐山",人们对于山地环境的山水资源有天然的亲切感,为校园户外活动提供诱导元素。地形的起伏创造了多种形态、尺度和朝向的不同空间,为因地制宜地布置多样化场所提供了可能,为不同规模、不同方式的活动提供了人性化的场所。湖泊、河流、山丘等丰富的地貌和动植物对户外运动具有吸引力。运用植物等进行空间二次划分形成更小的空间单元,能创造适合个人或小群活动的静谧场所。

户外活动能引发连锁反应。户外活动增加了与其他人发生视线交流等低强度接触的机会,进而有可能发生进一步的其他接触。户外活动时间越长,活动人数越多,发生接触行为的频率和程度就越高,又吸引更多人前往活动。

5.2.2　步道等级的划分

为降低对山地生态,尤其是对校园总体生态环境起决定性作用的生态要素或生态实体的干扰,应将景观步行空间进行等级划分,通过线形、坡度、宽度、材质、构造等方式控制步行者容量,暗示步行方向和活动类别。

主干道承载校园主要的通勤功能,日常人流量较大,应追求交通的便捷性,在顺应山地肌理的前提下,不宜采用过于曲折的线形和较大的坡度,并保证适当的宽度(表5.3为部分山地高校干支路宽度)。特别是包含车行的主干道应远离景观生态核心区域,避免噪声、尾气等干扰,如南京邮电大学仙林校区围绕中心景观山体的外围形成环形的步行主干道,并通过次干道、支路等较低等级的景观步行空间最终与山体取得联系,构成清晰的层次性,保证了中心山体景观的静谧。

表5.3　部分山地高校干支路宽度

校园名称	路径宽度/m		
	主干道	次干道	支路
武汉大学	6~9,部分18	4.5~6	3
华南理工大学	10	4.5~6	3
深圳大学	8~12	5~6	3.5
南京中医药大学仙林校区	13	11	2~3

支路、小径不强调空间的通行能力,设计更加自由,应密切结合所处的山水环境,突出对自发性、社会性户外活动的支持。步行空间可顺应地形采用曲折的形态,变化的坡度,收放的空间,与山地地貌产生呼应,表现出一定的山地趣味性。步道的材料与构造因地制宜。

在生态型山体区域,应控制硬底的铺砌比例在10%~15%,保证土壤吸收雨水、蒸发等能力;在冲沟和凹陷地区,可采用架空式步道形式,避免贴地式步道对地表径流的阻碍,对有机物、生物的正常散布和活动的干扰(图5.9为多伦多大学士嘉堡校区谷地步道);在满足步行需求的条件下,减少道路垫层、铺装材料对土壤酸碱性的改变;尽量采用透水透气的生态材料;在一些通行需求较低的区域,可以采用步行舒适性较差的磴道等形式,给人带来步行趣味性的同时,暗示其不作为大量通行道路的属性。

在滨水生态区域,可根据场地上下游的关系和人的行为活动需求,以及岸线高差划分不同层次的活动区域,将步道分为观景型、亲水型和生态型。观景型步道通常位于岸线山体上,步道的标高高于水平面,与水体保持一定的水平距离,拥有面向水面的良好视野,可采用观景平台、岸线栈道等方式。亲水型步道深入水体,让人可以直接触摸到水面,可布置于生态敏感性低、活动密度较大的区域,可采取缓坡护岸、梯级台地、临水平台、水中汀步、桥梁等方式(图5.10为伯克利世界大学滨水步行区)。生态型步道适用于滨水消落带、湿地等生态敏感区域,以保持岸线原生态为主。为避免破坏滨水生态断面的连续性,步道常采用生态建筑材料、架空等低影响(Lid)方式,并控制户外活动的强度。

图 5.9　多伦多大学士嘉堡校区谷地步道

图 5.10　伯克利世界大学滨水步行区

5.2.3　人性尺度的营造

人性尺度是指从人的行为角度,而非体现宏伟的视觉效果,来设置适应不同活动的空间。在人性化的尺度上更利于吸引更多的活动,自发参与并开展彼此间的交流,形成校园活动的聚集场所。环境心理学对户外步行空间的人性化尺度进行大量研究,包括户外空间宽高比、边界效应、个人空间圈等。

有关户外空间宽高比的研究较早。卡米诺·西特(Camillo Sitte)提出在欧洲古老城镇的广场中,15~21 m 是最为亲切尺度,广场的宽度应不小于周边建筑的高度,且不大于主要建筑高度的 2 倍。凯文·林奇(Kevin Lynch)和费雷德里克·吉伯德均提出,城市空间中,25 m 距离能带来亲切感。克里夫·芒福德(JCMoughtin)总结了众多广场理论,认为广场周边适宜的建筑高度为广场宽度的 1/3,或最小 1/6。芦原义信提出室外空间中,邻幢间距与建筑高度比最好在 1.5~2,小于 1 会产生紧迫感。格哈德·库德斯(Gerhard Curdes)认为,小型私密广场的边界宽度与高度宜维持在 1.5:1,举行大型活动的广场宜采用 5:1~8:1。蔡永洁认为超过 1 hm² 的广场亲切度下降,2 hm² 的广场往往显得过于宏大;广场宽度与围合立面高度小于 1 会显得空间狭小,大于 4 会显得过于空旷。总体而言,在 25 m 左右的尺度下,人们可以辨认对方的面部表情,使环境具有亲切感;1~3 的宽高比较为适宜,且相对开敞的空间更受人欢迎。户外空间适宜宽高比列举见表 5.4。

表 5.4　户外空间适宜宽高比列举

	尺度	宽高比
卡米诺·西特	15~21 m	1~2
凯文·林奇	25 m	
费雷德里克·吉伯德	25 m	1~3
克里夫·芒福德		1~6
芦原义信		1~3
格哈德·库德斯		1~8
蔡永洁	0.5~1 hm²	1~3

　　环境心理学中的边界效应指人们会主动避开尺度过大、空旷开阔的空间中心,选择空间的边缘活动。德克·德·琼治(Derk De Jonge)对荷兰住宅区的研究中,发现开敞空间边缘的步行空间可观察到建筑的细节或开阔的景致,使用者较多,步速较慢且走走停停;开敞空间中间的步行空间使用者较少,大多步行速度较快。爱德华·霍尔(Edward T. Hall)在《隐匿的尺度》一书中指出,处于边缘或背靠建筑立面有助于个人或团体与他人保持距离,这种防卫心理是人与动物的天性。张霞等人在对武汉大学珞珈广场的时空轨迹数据研究中发现明显的边界效应,学生倾向于选择西侧相对隐蔽的步行通道,各种活动更多地在边缘区域展开(图5.11为复合边界示意)。

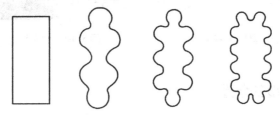

图5.11　复合边界示意

　　个人空间圈理论(Personal Space),或称为个人气泡理论,是萨姆(R. Sommer)于1969年提出,指每个人周边都存在不可见又不可分的范围,当范围被侵犯或干扰时,人们会显得焦虑和不安。理论将交往中的距离分为亲密距离、私人距离、社交距离、公共距离四种。亲密距离在45 cm以内,多发生在情侣之间,也用于父母与子女之间。私人距离在45~120 cm,表现为可伸手触摸到对方的手,但不易接触到对方身体,这一距离对讨论个人问题很合适。社交距离在120~360 cm,属于较为正式的礼节距离,多用于正式交谈,或没有过多交往的人彼此招呼。公共距离指大于360 cm的情况,一般用于演讲者和听众彼此极为陌生的交往场合。王伟对我国大学生个人空间圈进行实证研究,得出大学生的私人距离最小容忍值在82~118 cm,基本与萨姆提出的私人距离和社交距离相吻合。接近者性别与接近者方向对距离影响显著,男性接近者距离明显大于女性,前侧接近者距离明显大于其他方向。

　　在山地高校景观步行空间中,应结合以上理论及基地山地地形地貌特征,营造人性化尺度的空间,积极诱导自发性、社会性活动的发生。

　　广场设计应避免盲目追求宏伟的气势和规整的形态。闫整等人参考《城市道路交通规划设计规范》(GB 50220—95),以及近年来的实际情况,提出游憩集会广场面积标准为0.17~0.52 m²/人。一个容纳20 000人的校园集体活动空间需要3 400~10 400 m²,即边长为60~100 m的正方形场地即可满足要求。在满足面积的硬质场地之外,绿化和小尺度活动空间可根据地形灵活处理。如台湾交通大学教学区广场采用化整为零的手法,依据校园两头宽中间窄的台地平面轮廓,采取了由多个方形广场斜向串联的形式。对角的广场序列形成空间收放的校园轴线,并创造了建筑立面半围合的内凹边界空间,自然对户外活动进行区域划分。日本北九州女子大学,在广场与周边场地的高差区域设计为梯级的形式,限定了一系列具有围合性、私密性的小群交往场所,区分了滞留空间。

　　东京工艺大学中野校区中(图5.12为东京工艺大学中野校区庭院),在校园道路南侧的坡地上,由建筑围合形成层层跌落的下沉式庭院。不同高度的平台与建筑的多个楼层相连,让庭院自然成为建筑群中最重要的竖向交通体。不同的平台上布置着形态、尺度各异的小型休闲区域。在底部,通过不同材质的块面组合形成表演、聚会的舞台。

美国东北大学波士顿校区在 Huntington Ave 改造中,将道路与庭院的高差处理为不同高度和坡度的梯级处理,适应落座、依靠等不同休憩需求。梯级的饰面采用多种颜色的竖向线条,自道路标高倾泻而下,宛如七彩的瀑布(图5.13 为美国东北大学 Huntington Ave 改造工程某节点)。

图5.12　东京工艺大学中野校区庭院　　图5.13　美国东北大学 Huntington Ave 改造工程某节点

5.2.4　新型技术的控制

高校代表着社会思想和科学技术的前沿,在景观步行空间中,应结合地域文化、地理气候等,加强对新材料、新工艺的实验性运用。不是对常规模式的照搬。

雨洪管理,或称为"海绵城市",是以降低地面径流的污染、减少内涝危害、合理利用雨水资源为目的,从宏观规划到细部构造的建设思想及技术体系。体系包括雨水入渗花园、暴雨水路缘石扩展池、草沟、暴雨水种植池、透水性铺面、暴雨水树、雨水搜集等构建策略。这些策略在平原地区得到广泛的运用并取得良好的效果,但在重庆应结合地区气候地理的实际情况,避免达不到相应效果,甚至产生更严重的次生问题。重庆夏半年受湿热海洋气团影响,降水较多,4~9月降水占全年的75%,冬半年仅25%。两季差异极大的降雨使雨水设施并不能充分发挥调蓄能力。山地雨水地表径流具有特殊性。在雨水落到地面后受重力分力影响,不能就地下渗,更易形成径流。坡地导致雨水流速加快,汇流时间缩短,洪峰到来提前,易引发洪涝。尤其在建设活动当中,进行不当的大规模填挖,破坏了天然水系的排水网络,会引发塌方、泥石流等灾害。在特殊的山地环境中,校园景观步行空间的雨洪设计应尊重特殊的径流特点,保护和修复主要河道、冲沟、湿地,梳理水系网络,形成泄洪通道和蓄泄洪区相结合的雨洪排放体系,避免在重要行洪通道和滨水区域进行建设。在大面积硬化场地中,可渗透铺装可能无法满足集中的雨水径流量,仍需其他措施的配合。针对地形坡度较大,雨水汇流速度快,流向不定等问题,应采用植草沟、生物滞留带等设施引导,并宜采用耐冲刷的材料。

LED 等新型照明材料的运用应符合满足功能需求,保护山地生态的原则。通过灯具设计和合理布置,将照明的光线严格控制在所需的区域内。根据不同的活动类型、受到照射的植物属性确定相应的功能性照度及色温。在缺乏专门针对山地高校景观步行空间照明标准的情况下,可参考城市相关照明规范和推荐值(表5.5)。结合山地地形地貌,在特殊路段,如台阶、弯道等增加照明强度。根据校园户外活动的时空规律和植物所能接受的总辐射功率等因素,确定适宜的光照时间,采用智能化的控制手段,如基于物联网技术的 ZigBee 无线网络对照明系统实施智能化管理。

表 5.5 相关照度标准列举

规范名称和推荐值	照度/lx
《城市夜景照明技术指南》	中密度人行道路平均3,最小1
《城市道路照明设计标准》	人流量大,人车混行15,车行次干道10
公园夜间照度推荐值	休憩1~4,跑步5~15,运动(羽毛球)100以上

5.3 建筑步行空间元素的共生性设计

5.3.1 建筑步行空间元素的共生性特征

(1)人工秩序对自然地形的介入

自然地形是先于人的建设活动存在的,是地球表面物质在气候、水循环、生物活动等各种内外力长期作用下逐步形成的,其存在和演变具有客观性。在没有人为干预情况下,自然地形相对稳定,形态相对自由。

建筑步行空间是联系和组织建筑内部各功能的网络,是建筑的空间骨架,是典型的人造物,自然的对立面。相比基本依附于自然地形上的景观步行空间而言,建筑步行空间呈现更强的人工秩序。从形态特征上,建筑步行空间通常由多个楼层构成,具有三维立体的形态,与2.5维的景观步行空间有明显区别。从建造目标上,建筑是服务于校园教学和生活需求,实现各功能正常运转。从全寿命过程上,建筑的规划设计、施工建造、运行维护、销毁回收均需要在人的掌控中进行。从建造方式上,不仅需要高效地实现功能需求,也应尽可能减少工程建设和维护成本,宜规则而非自由,清晰而非混杂。

在山地环境中,建筑步行空间可看作人工秩序对自然地形的介入。在介入过程中,必然产生两者间的矛盾关系。一方面为了迎合功能、经济等方面的需求,往往不得不对起伏的地表形态的改造,进行平整场地等措施,凸出或深入自然地表,构成不同于自然状态的空间形态。另一方面,地表自然地物,如水体、植被等分布也常对建筑步行空间难以常规的方式展开。

该矛盾的调节一直是建筑学讨论的重点。格拉斯哥在《设计结合自然》中从东西方哲学、宗教和美学的角度对建造思想进行解读,认为西方的傲慢和优越感是以牺牲自然为代价,东方与自然的和谐是以牺牲个人的个性为代价,要实现自然与人类个性的统一,应首先明确人类是周围世界的一部分,受大自然的制约,但人类也具有自身的特殊性,具有自身的独特需求。人类的建造活动是需要对有限资源进行有限利用的,应持有对自然既非掠夺,也不是过度保护的态度。韩冬青等从等高线的剖切方法讨论山地建筑法则,认为将自然地形抽象为从不同角度剖切而成的等高线,形成台地或各种较为理性形态组合,是融合人类理性与自然的一种方式。《设计结合自然》从分形视角阐述了山地城市及建筑的空间结构关系,提出以分形迭代的方式进行设计,能保证人工建造于自然间看似松散,实则清晰的逻辑。

(2)中介属性对交往活动的支持

步行空间是建筑中典型的中介空间。在一系列空间组织结构中承担过渡、转化、衬托等功能。在与相邻空间相互穿插、彼此渗透的过程中,成为沟通各功能的媒介,呈现出对不同活动融合、渗透、动态的生动效果,模糊了具体位置、尺度和边界。建筑步行空间是沟通室外自然山水与建筑内部的媒介。由于高校建筑的特征及重庆气候特点,建筑步行空间中包含大量如外廊、架空、屋面等形式。这些形式通过立面的凹陷、围合的消解、顶面的敞开等方式,将空间转化成由自然山水和人工构筑组成的特别场所。

出于在室内的活动时间长,活动密度大,不受天气影响,较强的公共性等原因,步行空间成为让人们可自由沟通信息、交流情感的交往空间。这种交往顺应了当代高等教育理念:通过交往维持个人愉悦和心理健康,培养完善的人格;促进社会关系网络形成,实现彼此的理解和对事物的共识;协调和发展不同个体的经验,培养及健全学生对世界的认知。交往的方式可分为主体间面对面通过视觉、肢体、语言直接传递信息的直接交往,和通过文字、图像、电子网络等其他载体传递信息的间接交往。研究表明,包含音调与面部表情的信息传递方式的直接交往是最为经济、有效的交往方式。按交往的动机,可分为计划性交往和随机性交往。其中,随机性交往是校园中发生最为普遍,气氛最为轻松,最容易发生思想碰撞和触发灵感的方式。

建筑步行空间的中介属性为不同程度的交往活动提供良好的环境,为低强度的接触提供背景,在没有完全限定功能的空间中,为轻松自然进行视觉接触创造条件,使每个人都能谦逊地参与公共活动中来。低程度接触是引发其他活动的前提,随机发生的事件经过参与者意识的参与,会发展到其他层次。元素丰富、高品质的环境能延长特定活动的持续时间,深化互动的内容和范围。

5.3.2　内外空间的共构

实现建筑室内外空间的共构是建筑步行空间对自然地形的介入的关键。这种共构与山地建筑的接地模式有相似性。山地建筑的接地模式是对建筑与山地地形的界面形态处理及对建筑体量、各层空间竖向布置影响的分析。学者们对山地建筑接地模式进行了长期深入研究,从不同角度进行了分类(表5.6为山地建筑接地模式列举)。黄光宇等人专门针对山地建筑步行空间与地形的共生模式,提出水平步行道与建筑的共生,高度变化的步道与建筑的共生,步行交通与建筑互相穿越三种类型。

基于以上相关研究,本章将校园建筑步行空间与地形的共构分为平行等高线式、垂直等高线式、架跨式、掩埋式四类(表5.7为建筑步行空间对起伏地形的介入模式分类)。

表5.6　山地建筑接地模式列举

提出者	一级分类	二级分类
唐璞	不影响上部建筑形态	提高勒脚、筑台
	内外空间灵活组织	错层、跌落、错叠、悬挑吊脚、架空、吊层、附崖
卢济威	地下式	保持原有地表
		先开挖后覆土
	地表式	勒脚型、阶梯型
	架空式	架空、吊脚
戴志中	筑填	勒脚、筑台
	掉跌	跌落、掉层、错层、错叠、底层跌落
	悬挑	主体建筑挑出、辅助空间挑出
	架跨	跨越、架空、吊脚
	附崖	上爬、下掉
	入地	钻岩、覆土
	弯转	转折、退让

表5.7　建筑步行空间对起伏地形的介入模式分类

类别	平面形态示意	剖面形态示意
平行等高线式		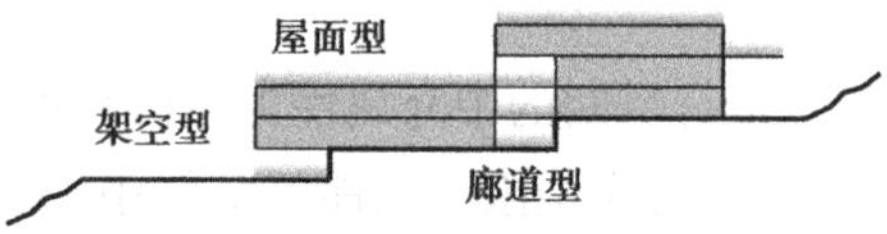 屋面型 架空型 廊道型
垂直等高线式	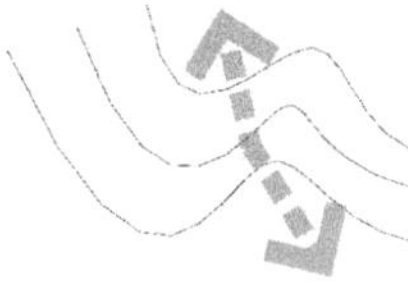	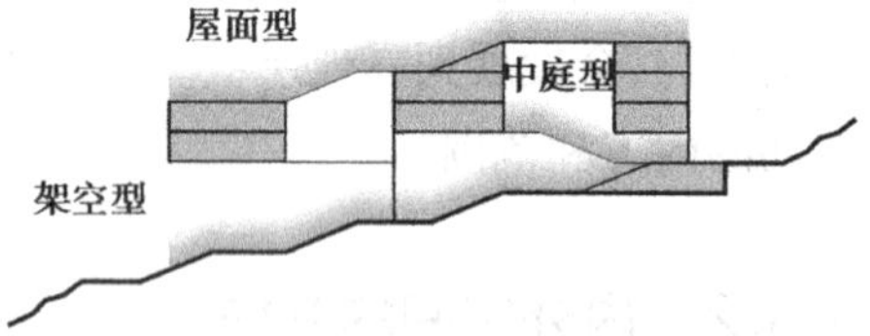 屋面型 中庭型 架空型
架跨式	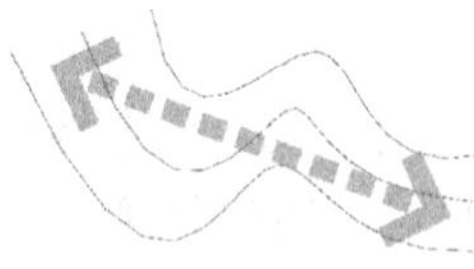	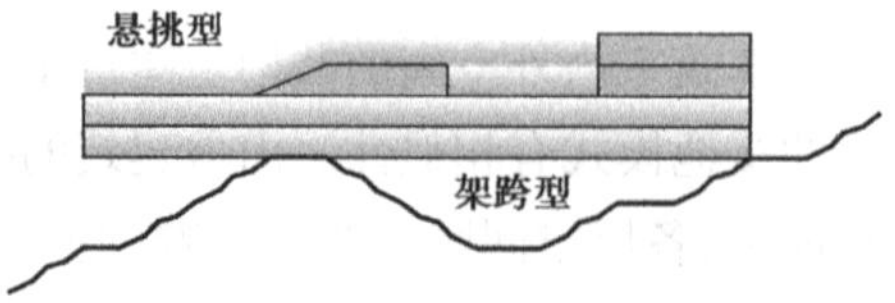 悬挑型 架跨型
掩埋式	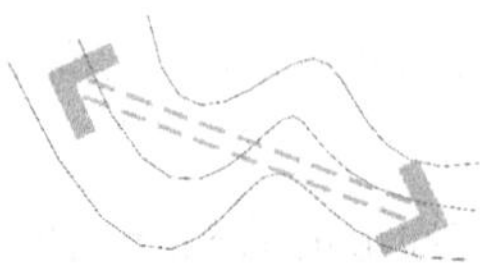	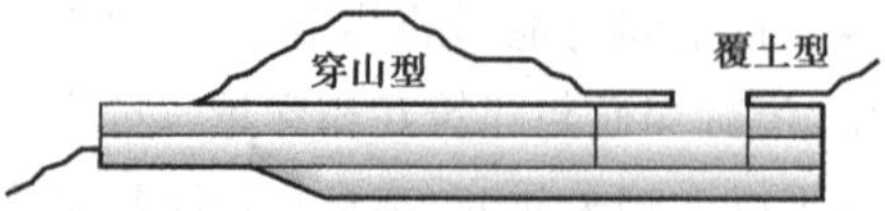 穿山型 覆土型

　　平行等高线式指建筑步行空间基本顺应等高线的走向,可取得标高的一致。根据山体

及建筑功能空间的关系,又可分为架空层型、廊道型、屋面型等。如韩国 Connectone 研修所位于山坡上,设计中运用坡道、台阶等将立面、屋面联系为一个整体,形成连续的步行网络,吸引师生通过屋面前往各个场所,模糊了山地景观与建筑的界限(图 5.14 为 CONNECTONE 研修院)。

垂直等高线式指建筑步行空间走向与等高线的方向垂直,联系不同的标高和楼层,也可包含架空层型、廊道型、屋面型等。如 OMA 设计的海珠学院在相邻两个台地之间,布置两个板式大楼及其之间的裙楼,形成连通大海与山体的通道。裙楼内部包含图书馆、报告厅等公共设施,屋面由上方台地层层跌落,构成连续的之字形竖向步行路径。由裙房各层均能直接步入屋面平台,也可通过两侧板楼的楼梯到达其他楼层(图 5.15 为海珠学院中央大台阶)。

图 5.14　CONNECTONE 研修院

图 5.15　海珠学院中央大台阶

资料来源:OMA 事务所官网

架跨式摆脱了起伏地表的限制,直接用人工方式凌驾于地面之上(图 5.16 为日本中央大学多摩校区入口架空广场)。根据端头与地形的关系,可分为桥梁型和悬挑型。如西蒙弗雷泽大学用架空、建筑屋面的方式形成中轴公共空间,并将轴线中段的一块台地作为毕业典礼、集会的场所,四周由建筑、台阶等边界围合,并架设网架顶棚,强调了场所的特殊性,避免了风雨的干扰。

掩埋式是将建筑步行空间布置于山体之下,或布置于低洼地带并覆土,使之形成地下建筑的形态。根据建造模式,可分为穿山型和覆土型。如韩国梨花女子大学校前区建筑中,在入口轴线两侧用倾斜的屋面连接了校内外不同标高场地,并在屋面上布置花园。在轴线中形成类似峡谷的广场空间,并以大台阶作为广场的结尾。两侧建筑的玻璃幕墙让视线彼此穿插,增加了视觉层次和交往互动的氛围(图 5.17 为韩国梨花女子大学校园中心鸟瞰图)。

图 5.16　日本中央大学多摩校区入口架空广场

图 5.17　韩国梨花女子大学校园中心鸟瞰图

5.3.3 交往节点的塑造

山地高校建筑步行空间的中介属性为交往活动提供了有力依托,应发挥其作为不同功能活动、室内外空间融合的媒介特点,结合自身在山地影响下形成的特殊形态,创造促进交往的节点空间。

合理的空间尺度是促进交往活动的必要条件。狭窄的尺度使人产生迅速穿越离开的欲望,自然加快行走速度。必须在满足通行所需尺度,产生一定的停留区域后,才能引发交往深化的可能。王扬等通过对高校走廊的研究,提出走廊宽度应在 3.3 m 以上才能使驻足者不影响通行,满足人际距离的要求,3.6 m 以上能明显增加交往行为的发生。但单纯的加宽走廊既造成浪费,也让空间显得单调。山地环境中,应结合地形对建筑的轮廓限制、竖向交通、室外景观等创造局部放大的交往节点。如大学画廊中,建筑被分成多个零散的体量,随曲折的等高线布置,走廊相互交错、跨越,在互呈角度的走廊相接处,自然构成放大节点,结合开敞的功能空间和竖向交通。加利福尼亚大学洛杉矶分校安德森工商管理研究生院由数个较小的体量相互连接组合而成,中心以由南向北爬升的、高差约 18 m 的步行路径串联。路径按照建筑楼层被分为几个平台,其中第一级平台位于建筑的中心,由四周的建筑围合成直径约 20 m 的露天庭院。各建筑体量内部布置贯穿各楼层的中庭,并朝庭院开口,形成尺度适宜、层次丰富的交往空间系统。在庭院及建筑中庭中布置多人或单人桌椅、自动售卖机等设施,促进多种活动的发生(图 5.18 为加州大学洛杉矶分校安德森管理学院)。

图 5.18　加州大学洛杉矶分校安德森管理学院　　　　图 5.19　以色列海法大学学生中心

优质的自然景观为交往节点的打造提供了吸引点。如以色列海法大学学生活动中心,采取层层退台的模式错叠于山崖之上,在融合自然和人工空间形态的同时,也创造了台地间丰富的视线联系,使每个平台都拥有较为开阔的视野。层叠的横向退台也是前往房间的路径,让人在日常通行时也能欣赏地中海美景(图 5.19 为以色列海法大学学生中心)。位于吉隆坡以北,斯里伊斯干达的马来西亚国油理工大学综合大楼基地中心为低洼沼泽,周边有数个低丘。设计通过五个新月形内廊式模块彼此相连形成环状巨构,将中心的沼泽打造为一个景观花园。同时,走廊在多处形成单廊或平台,结合屋顶覆盖的硕大连续、伞状的顶棚,形成室内外景观渗透、全天候的空间,并适应当地酷热和潮湿的气候(图 5.20 为马来西亚国油理工大学）。

图 5.20　马来西亚国油理工大学　　　　　图 5.21　Glasir Tórshavn College 中庭

　　不同的交往活动本身能激发空间的活力，促进更多样、更深入的交往发生。Glasir Tórshavn College 采用几条螺旋形的建筑体量相互缠绕，契合于面朝大海的草坡上。缠绕形成的圆形中庭被分为数个标高，连接不同的楼层。中庭各空间被设计为平台、大台阶、弧形梯级看台等，同时支持展示、表演、休息、交谈等多种交往活动。最下一级的弧形台阶空间穿越建筑底部，透过巨大的玻璃幕墙引入室外壮丽的风景（图 5.21 为 Glasir Tórshavn College 中庭）。

5.3.4　天际背景的融合

　　天际线是人工建（构）筑物、起伏地形轮廓的结合，是建构（构）物的形态与分布、自然地形共同的产物，是校园风貌的高度概括。山地校园起伏的地表和高差，使轮廓线变化多端、对比强烈、层次分明。

　　在城市设计中，天际线是规划研究和管控的重点之一。Im 在研究对于城市环境封闭空间时发现，视觉景观偏好受照片中建筑物高度与距离的比值、地形坡度及植被覆盖率的变化的影响。Zacharias 通过对建筑高度、视线通廊等因素在对视觉偏好的研究中发现，控制建筑高度要比控制建筑间视线视廊对提升山地城市天际线更有效，同时也发现，当建筑物高度与山脊线一致、建筑之间视线通廊个数越少时，天际线偏好度最高。徐磊青等通过照片刺激实验，提出限制建筑高度和保留最佳视廊对山景城市天际线具有一定作用，其中限制建筑高度最为明显，但受不同专业训练的个人对天际线的偏好具有差异。在规划管控方面，通常对建筑与山体背景的相对高度，建筑与山体背景的相对投影面积，视线通廊，建筑群天际轮廓与山脊线的关系、建筑群轮廓的层次等方面加以控制。如香港要求建筑物一般不得高于背景山体的 80%；重庆规定成组群布局的高层建筑，应当结合周边地形和高差，形成富于变化的天际线，地形高差不大的，不宜采用类似的建筑高度。

　　山地高校的建筑步行空间很大程度上决定了建筑的总体形态，连廊、架空等类型自身也常作为独立的形体参与校园天际线当中。可通过高度控制、形态变化、景观穿透等方式对天际线进行把控（图 5.22 为香港规划署关于城市天际线规定示意图）。

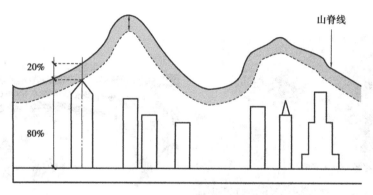

图5.22　香港规划署关于城市天际线规定示意图

资料来源:香港规划署

　　根据高校步行活动的大量性和瞬时性,单体建筑一般适合较少楼层,横向展开的方式。单体校园建筑也因此以水平方向为主,建筑的高度较容易控制。但校园建筑常以群体形式出现,需要将群体建筑体量以及其步行空间体量作为整体考虑,避免对山体的过多遮挡。如位于广东惠州的华润大学由多个长方形体量建筑及穿梭于其中的平台、连廊构成,单个建筑体量虽小,但组合形成的建筑轮廓较为庞大。设计基本形成了建筑轮廓与山体轮廓的融合,保护了该地区优美的天际线(图5.23为华润大学鸟瞰图)。

　　形态变化包括平面变化和竖向变化两种基本形式。平面变化指在水平方向上的收放、转折,不仅让形体更为生动,也会随着观察者位置的移动发生变化。竖向变化指在垂直方向上的错动、起伏,可直接对建筑群体的轮廓产生影响。如中国美术学院专家接待中心,在起伏的屋面布置步道,在创造优美意境的同时,也让步行空间参与建筑轮廓构成当中(图5.24为中国美术学院专家接待中心)。

图5.23　华润大学鸟瞰图

资料来源:福斯特事务所官网

图5.24　中国美术学院专家接待中心

　　架空、连廊等类型的步行空间介于实体和虚体之间,能让景观得以部分贯通,也具有一定的遮挡作用。在天际线分析时,既不能将其作为完全的实体,也不能无视其对视线的遮挡。如香港中文大学深圳校区中,在校园中心的学生中心、图书馆与教学实验楼以空中连廊联系,使其已不能作为建筑单体融合于山体背景之中,而以一组虚实相应的体量组合形式,参与校园天际线的构成中。

5.4 基于元素拓扑关系的行为研究及设计应用

高校校园步行空间强烈的公共属性，让人能自然地进入，轻松地离开。在此过程中，除完成通行目的外，人们很容易卷入社会活动，与他人发生交流，产生信息的互换，发生多样性的行为，是当代高等教育理念中获取信息和灵感的重要方式。大量研究发现，空间元素的拓扑关系对使用者行为产生巨大影响，其程度甚至高于空间环境本身。依据空间元素的拓扑关系进行各节点的设计，有助于促进空间与使用者的良性互动，引导交往行为的发生，让空间环境发挥更高的价值。

5.4.1 空间句法轴线分析在本研究中的适用性分析

空间句法是 20 世纪 70 年代由英国伦敦大学学院巴特莱特建筑学院比尔·希利尔首先提出的，描述建筑与城市空间模式的语言。其理论源于 20 世纪中叶，西方开始运用数学逻辑对城市空间进行分析，认为在一定的社会学和政治学语境下，空间本身受制于几何法则，具有几何规律。单独的空间元素对社会活动影响极为有限，整体性的空间元素间的复杂关系，才是决定社会活动开展的要素。人们可运用已知的空间规律开展日常活动，创造性地利用空间关系。目前，空间句法已形成完整的理论体系、成熟的方法论，拥有专门的空间分析软件。其中，DepthmapX 运用较为普遍。软件基于计算机图形学、拓扑学，考核成组空间元素的地理关系，并以定量形式表达。

轴线分析作为空间句法重要的分析方法，在 30 余年建筑及城市规划领域的实践中，已被证明能有效将数据分析与方案比选相结合，形成以数据为基础，以空间模型为工具，对交通及相关行为进行预测的方法。分析中，将各空间元素之间的联系抽象为以轴线连接的图形，按照图论的基本原理，对各轴线进行拓扑分析，导出一系列形态分析变量，包括连接值、控制值、深度值、集成度、穿行度等。在理论不断发展过程中，除拓扑关系外，还引入实际距离或轴线间角度等自变量。

高校校园步行空间系统与城市交通系统具有很强的相似性。尤其在公共性强的核心区步行空间中，学生日常活动频繁，活动时间分布也相对平均，对路径的选择自由度较高，符合轴线分析的条件，已出现一些运用该方法对高校校园进行分析的研究。如 Yaylali-Yildiz 等对 IZTECH 校园组群进行轴线及视域分析，对学生的校园行为和集体行为的空间选择进行问卷调查，发现大部分具有轴线整合度和视线整合度的公共空间并未发挥其潜力。陈铭等通过空间句法理论，对武汉理工大学四个校区的交通路网形态进行轴线分析，并与学生日常活动进行比较，得出交通路网的整合度与功能分区基本协调，但可理解度较低，提出校园空间的整体逻辑性较弱等问题。

多层面交叠步行空间所呈现的复杂多样性是句法组构的难点。在不断探索中，已有许多学者提出修正方法。如庄宇等选取三个多层商业案例，用空间句法计算立体空间轴线整合度,调研实际人流,通过多元回归模型分析,引入楼层、主要入口、垂直交通等自变量,提高了模型与实测通行行为的相关度。盛强等人针对北京王府井地区三个购物中心的内部交通空间,运用整合度与穿行度进行分析,发现穿行度数值更具准确性。霍珺等人从空间构型角度为高校图书馆在可达性方面的效能评价提供一种客观、量化、图示化的手段,从整体空间可达性、进入可达性和疏散可达性展开分析,并通过使用行为协同研究比较验证其技术可行性。

重庆山地高校校园中,在起伏地形环境和建筑的多层接地特征下,景观步行空间元素和建筑空间元素构成了连续的多层立体网络。尤其在与山地地形直接接触的接地层范围内,由于步行空间具有较强的空间连续性,适于通过空间句法轴线分析的方法进行研究。本章针对步行空间轴线拓扑关系与学生行为的关联性,寻求在公共性较强的校园核心区域内的室内外步行空间中,通行行为及非通行行为与空间句法轴线分析是否具有相关性,并讨论起主要作用的其他设计因素。

5.4.2 研究对象的范围及特征

研究选取两山地特征明显、公共性强的两高校校园核心区域,分别为重庆大学 B 区第二综合楼区域(简称二综区域)和重庆理工大学花溪校区博园教学楼群区域(简称博园区域)。

二综区域位于重庆大学 B 区南侧教学区内,面积约 0.9 hm²。南临学生一宿舍、第三教学楼,西临图书馆,北临土木工程学院,东临材料楼。基地为坡地,南高北低,高差 10 m;北侧道路东高西低,高差 3 m;东侧道路南高北低,高差 3 m;南侧道路西高东低,高差 4 m;西侧为大台阶联系 10 m 高差。南侧道路向东连接 AB 校区地下步行道,向西连接学生生活区,是校园主要步行通道。区域西南角、东南角有集中绿地,其中西南角绿地中布置步道、座椅,东南角绿地中仅有步道。南北两侧建筑主入口布置小广场。第二综合楼为校园公共课程、学生自修的主要场所,为高层建筑,共 17 层,由北侧板式塔楼和南侧、东侧的五层裙房构成。塔楼为一字形内廊式,内设电梯,各层均有电梯厅。南侧裙房平面呈 U 字形,与塔楼围合从一到五层通高的中庭。裙房走廊为单廊式,朝向中庭,在各边设出挑平台。东侧裙房呈一字形,连接于塔楼东侧,东端连接两层的圆形报告厅。南侧与东侧裙房连接处设置过厅,布置有桌椅、开水器、饮水机等设施。建筑在一至三层均有出入口直接连接室外,由于管理原因,平时仅一楼和三楼的出入口开启。三楼的出入口开向南侧道路,是大楼的主出入口(图 5.25 为二综区域范围)。

博园区域位于重庆理工大学花溪校区中部(图 5.26 为博园区域范围),面积约 3 hm²。北临静湖及图书馆,东侧为食堂及学生宿舍,西侧为实验楼群,南侧为山体。基地南高北低,呈台地分布,向静湖跌落,高差 8 m。西侧、南侧、东侧为校园道路。该区域采用人车分流,西侧和南侧道路基本为车行道,东侧道路人车共存,两侧为人行道。人员来向主要为东侧的生活区,从东北、东南有人行通道进入。区域北侧和东北角有广场,北侧广场临湖,位于楼群的轴线上;东北角广场是联系临湖广场、图书馆、滨湖步道、生活区的枢纽空间。建筑由四个建筑单体及连廊组成,建筑单体呈一字形或 U 字形,围合四个位于不同标高的庭院。各单体依山就势,为六层的多层建筑,分布于不同标高上。1 号楼位于基地北侧,教学区的主轴线上,主要功能为公共教室,主入口位于三层,门厅通高二层,平面贯通北侧滨湖广场及南侧内庭院,是楼群的主门厅。二号楼位于基地东侧,主要功能为行政办公、专业教室和大阶梯教室,学生日常使用频率不高。3号楼位于基地南侧,主要功能为公共教室,主入口位于二层和三层。四号楼位于基地西侧,主要功能为语音教室、计算机教室、自习教室等,主入口位于二层,呈U字形体量,日常使用率偏低。

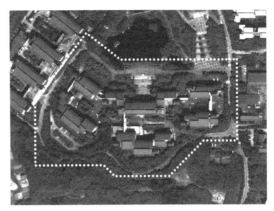

图5.25　重庆大学二综区域范围　　　　图5.26　重庆理工大学博园区域范围

本章选取公共性最强、路径选择自由度最高的室外步行空间及室内接地层的步行空间进行研究,即两研究对象的室外步行空间和一到三层室内步行空间。以建筑内部及周边平面CAD为基础,绘制步行空间轴线,导入Depthmap软件进行轴线分析,计算局部整合度($R=200$ m,400 m,800 m),与通行行为的频次进行相关性分析。在表达建筑周边步行空间时,在学生主要来向添加额外轴线,以使模型更符合实际特征。

在两区域内,各选取29个节点进行调研。这些节点包括花园、门厅、连廊等在设计中可能被重点处理的场所。通行行为调研选取上课高峰、课间、下课高峰三个时段,即上课前10 min,课间10 min及下课后10 min,在各节点运用行人计数法(Gate count)记录通行频次,与轴线分析数据进行相关性分析。具体方法为在各节点进行摄像、拍照。为避免数据的偶然性,各节点在各时间段至少进行3次调研,并取平均值,按"人次/分钟"记录。非通行行为调研选取同样的时间段,记录各节点行为发生频次,行为类型以及各节点的空间特征。

5.4.3　轴线绘制及分析方法

绘制空间轴线时,将起伏的室内外步行空间按照各接地层的标高进行划分,表示为几个轴线平面的组合。如博园的接地层为1、2、3层,则采用1F轴线平面、2F轴线平面、3F轴线平面表示。各平面绘制中,依据以尽可能少的线段的原则,如直线步行空间包含室内外或收放部分时,仍用一条直线表示,在转弯处,以尽量少的相交线段表示。在主要的人员来向,参考陈泳在城市间水网轴线模型对苏州城市影响中运用的方法,绘制附加轴网(图5.27为二综区域轴线平面绘制及层间连接,图5.28为博园区域轴线平面绘制及层间连接)。

依据人流数量,分为主要人员来向和次要人员来向两类,分别以不同数量和长度的附加轴网表示。如二综轴线模型绘制中,在西南、东南、西北等的主要学生来向,相邻建筑主要出入口,以及建筑中通往4层以上的竖向交通处添加附加轴网;博园轴线模型绘制中,在东侧及东南学生生活区、西北校园入口等学生主要来向,以及建筑中通往4层以上的竖向交通处添加附加轴网。

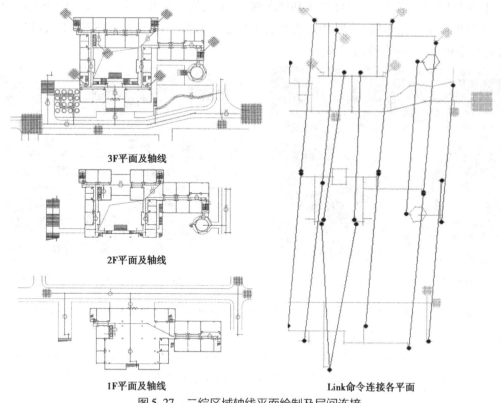

3F平面及轴线

2F平面及轴线

1F平面及轴线

Link命令连接各平面

图5.27 二综区域轴线平面绘制及层间连接

联系各接地层轴线平面的竖向交通的绘制表达方式是本研究的难点。如直接使用link命令连接,使竖向交通等同于一般的平面联系,没有表现竖向步行空间的特殊性。研究以楼层间最基本的竖向交通元素——双跑楼梯为原型,将竖向步行过程分为楼层平台1、梯段1、休息平台、梯段2、楼层平台2五个部分。在绘制中,用一根轴线表示该层平面的楼层平台,用两条分别连接平台的轴线表示向上和向下的梯段,用link命令代表休息平台,连接不同楼层向上及向下的梯段。以此方法表示室内外所有轴线平面间阶梯形式的竖向联系。坡道是介于平面和竖向之间的交通空间,绘制轴线平面时,在两平面坡道连接处各绘制一附加轴线并将其用link连接。对于电梯、扶梯等机械竖向交通方式,由于其便利性,将其等同于一般的平面步行空间,直接用link连接。

轴线分析使用depthmapX,采用目前较为公认的标准化角度分析法,计算整合度(Integration)与穿行度(Normalised Angular Choice)数据。以200 m、400 m、800 m为半径,加入线段长度权重,取得T1024 Int R200 metric、T1024 Int R400 metric、T1024 Int R800 metric三个整合度因子,及Nach R200 metric、Nach R400 metric、Nach R800 metric三个穿行度因子。

其中,整合度可表示线段在网络中的中心程度,其公式为:

$$I_i = RA_i = \frac{2(MD_i - 1)}{n-2} \tag{5.1}$$

穿行度可表示线段在网络中被穿越的可能性,其公式为:

$$\text{Nach} = \log(\text{value}(\text{"T1024 Choice"}) + 1) / \log(\text{value}(\text{"T1024 Total Depth"}) + 3) \tag{5.2}$$

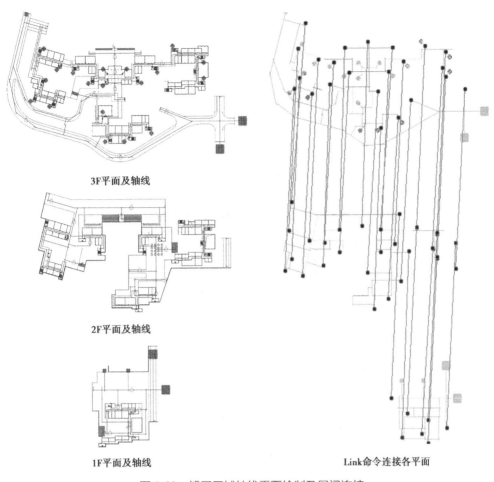

图 5.28　博园区域轴线平面绘制及层间连接

5.4.4　轴线分析与通行行为的相关性分析

(1)二综区域

运用 Depthmap 对二综区域轴线进行标准化轴线计算,结果如图 5.29 所示。

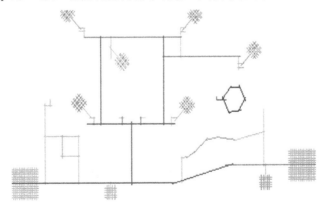

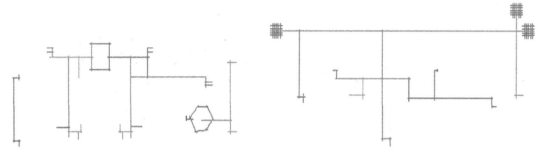

图 5.29　二综区域空间句法轴线分析 Nach R200 metric 色阶轴线图

二综区域标准化轴线分析数据见表 5.8。

表 5.8　二综区域标准化轴线分析数据

序号	T1024 Int R200M	T1024 Int R400M	T1024 Int R800M	Nach200	Nach400	Nach800
1	96.996	151.931	151.931	0.957	0.927	0.927
2	143.224	172.260	172.260	1.065	1.126	1.126
3	139.447	162.538	162.538	1.154	1.180	1.180
4	178.638	182.389	182.389	1.214	1.263	1.263
5	99.768	144.902	144.902	1.008	1.000	1.000
6	94.320	162.538	162.538	1.045	1.038	1.038
7	97.406	164.285	164.285	0.924	1.072	1.072
8	155.645	159.246	159.246	0.892	0.891	0.891
9	130.851	200.610	200.610	0.875	1.123	1.123
10	174.751	175.210	175.210	0.922	0.915	0.915
11	168.664	169.467	169.467	1.059	0.998	0.998
12	141.508	163.055	163.055	1.031	0.948	0.948
13	112.479	145.920	145.920	0.834	0.822	0.822
14	143.033	153.438	153.438	0.666	0.689	0.689
15	210.869	214.326	214.326	1.242	1.290	1.290
16	256.228	267.607	267.607	1.146	1.128	1.128
17	323.173	337.351	337.351	1.431	1.437	1.437
18	323.203	337.351	337.351	1.448	1.454	1.454
19	331.093	332.507	332.507	1.494	1.508	1.508
20	206.487	215.512	215.512	0.735	0.721	0.721
21	292.190	301.880	301.880	1.442	1.454	1.454

序号	T1024 Int R200M	T1024 Int R400M	T1024 Int R800M	Nach200	Nach400	Nach800
22	234.531	242.311	242.311	1.286	1.288	1.288
23	182.125	201.659	201.659	1.219	1.245	1.245
24	209.086	223.619	223.619	1.056	1.115	1.115
25	155.999	158.714	158.714	1.010	0.963	0.963
26	236.652	241.172	241.172	1.307	1.328	1.328
27	205.798	206.251	206.251	1.195	1.231	1.231
28	73.648	90.106	90.106	0.538	0.000	0.000
29	256.577	266.509	266.509	0.804	0.827	0.827

对二综区域各节点通行行为的调研结果见表5.9。

表5.9　二综通行行为调研数据

节点序号	通行行为(人次)			
	上课高峰	课间	下课高峰	小计
1	21	10	25	56
2	34	9	32	75
3	35	7	43	85
4	17	10	9	36
5	4	1	3	8
6	26	7	12	45
7	23	11	23	57
8	17	7	21	45
9	9	3	12	24
10	6	3	9	18
11	23	7	26	56
12	27	6	19	52
13	7	5	3	15
14	1	1	0	2
15	12	8	21	41
16	18	22	26	66

续表

节点序号	通行行为（人次）			
	上课高峰	课间	下课高峰	小计
17	51	26	49	126
18	76	23	56	155
19	54	7	48	109
20	0	1	1	2
21	56	27	78	161
22	31	19	37	87
23	38	13	27	78
24	23	8	26	57
25	56	15	78	149
26	35	18	45	98
27	17	15	21	53
28	1	0	0	1
29	6	3	6	15

二综各轴线分析数据与通行行为相关性见表5.10。

表5.10　二综区域轴线分析与通行行为相关性

	Int200	Int400	Int800	Nach200	Nach400	Nach800
相关系数	0.602	0.620	0.620	0.788	0.685	0.685

从轴线分析中可得，不同节点的分析结果差异较大，与主要人流在同一标高的3F平面的主要路径的整合度与穿行度均较高，5、14、28等尽端路节点的整合度和穿行度非常低。

从通行行为调研得出，上下课高峰期各节点通行行为频次明显较高，课间的通行行为相对较少，表明该区域中步行空间内的通行行为主要为必要性通行。课间通行行为也与教室转换、上卫生间等必要性行为相联系。

在相关性分析中，穿行度与通行行为的相关性高于整合度，且200 m半径穿行度，即Nach200达到0.788，为显著相关，接近高相关。

(2)博园区域

运用Depthmap对博园区域轴线进行标准化轴线计算，结果如图5.30所示。

博园区域标准化轴线分析数据，见表5.11。

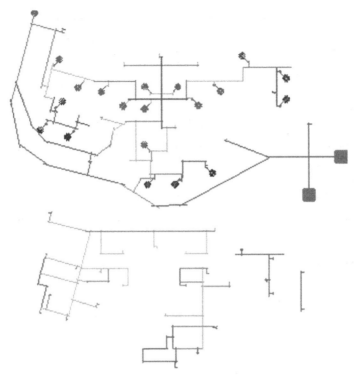

图 5.30 博园区域空间句法轴线分析 Nach R200 metric 色阶轴线图

表 5.11 博园区域标准化轴线分析数据

序号	T1024 Int R200M	T1024 Int R400M	T1024 Int R800M	Nach200	Nach400	Nach800
1	377.884	473.737	482.260	1.350	1.439	1.449
2	250.139	395.497	408.503	1.432	1.290	1.302
3	263.060	430.258	440.351	1.363	1.264	1.263
4	224.535	359.964	378.713	1.346	1.220	1.237
5	194.408	328.121	364.744	0.967	0.912	1.118
6	203.882	314.472	315.488	0.942	0.912	0.913
7	171.770	290.306	294.621	0.969	0.963	0.965
8	151.026	358.224	379.042	0.892	0.963	1.177
9	162.198	359.793	372.432	0.937	0.906	0.904
10	275.419	383.566	387.659	1.178	1.326	1.187
11	277.037	396.902	405.404	1.302	1.287	1.279
12	198.195	353.906	366.543	0.927	0.897	0.889
13	206.613	456.829	462.170	1.058	1.372	1.391
14	263.586	430.870	435.168	1.133	1.339	1.331
15	138.954	366.722	453.231	1.124	1.239	1.212

续表

序号	T1024 Int R200M	T1024 Int R400M	T1024 Int R800M	Nach200	Nach400	Nach800
16	168.481	368.692	440.709	1.187	1.386	1.374
17	162.995	351.975	404.210	1.199	1.166	1.147
18	152.421	342.686	371.150	0.920	0.907	0.893
19	119.897	296.360	359.624	0.961	0.926	0.938
20	177.575	318.614	323.260	1.153	1.214	1.223
21	220.662	346.847	351.418	1.216	1.286	1.289
22	240.021	367.733	375.142	1.280	1.339	1.340
23	244.020	437.116	440.645	1.225	1.349	1.341
24	246.644	437.089	440.645	1.367	1.378	1.372
25	241.199	437.076	440.645	1.362	1.407	1.383
26	202.303	379.932	410.027	1.354	1.303	1.293
27	172.467	360.553	425.482	1.324	1.225	1.300
28	98.383	222.999	282.567	0.923	0.933	0.929
29	204.615	400.317	424.272	1.234	1.232	1.313
30	184.315	400.851	401.562	1.261	1.277	1.244
31	104.590	270.051	331.148	1.247	1.129	1.127
32	131.732	403.590	444.035	0.937	1.268	1.412
33	252.582	397.345	433.769	1.258	1.387	1.327

对博园区域各节点通行行为的调研结果见表5.12。

表5.12 博园通行行为调研数据

节点序号	通行行为(人次)			
	上课高峰	课间	下课高峰	小计
1	45	16	37	98
2	21	8	33	62
3	36	5	43	84
4	21	10	25	56
5	13	7	25	45
6	3	3	6	12
7	0	5	1	6
8	11	5	7	23

节点序号	通行行为（人次）			
	上课高峰	课间	下课高峰	小计
9	10	2	16	28
10	23	14	24	61
11	34	20	38	92
12	7	5	12	24
13	48	14	36	98
14	26	3	38	67
15	16	6	24	46
16	34	8	26	68
17	21	8	27	56
18	2	1	3	6
19	3	2	1	6
20	3	2	6	11
21	37	18	43	98
22	41	3	48	92
23	38	9	45	92
24	67	21	54	142
25	32	41	54	127
26	18	13	23	54
27	27	13	54	94
28	23	16	5	44
29	11	2	11	24
30	27	10	29	66
31	24	9	25	58
32	2	0	1	3
33	43	23	57	123

博园各轴线分析数据与通行行为相关性见表 5.13。

表 5.13 博园区域轴线分析与通行行为相关性

	Int200	Int400	Int800	Nach200	Nach400	Nach800
相关系数	0.594	0.582	0.536	0.718	0.741	0.666

从轴线分析结果可得,各节点的分析结果差异较大,区域的中心性非常明显。位于 3F

的门厅不仅是建筑群的主入口,还可便捷地联系周边其他建筑,整合度和穿行度都很高。3F东南和西南部分,2F东侧未与其他建筑在本层直接相连的部分,整合度和穿行度很低。

从通行行为调研中,可知学生的主要通行行为主要为发生在上下课和课间的必要性通行,在没有明确的目的地情况下,发生通行行为的情况很少。

相关性分析中,穿行度与通行行为的相关性明显高于整合度。不同半径下穿行度与通行行为的相关系数为0.666~0.741,均为显著相关。其中,Nach400的相关性为0.741,稍高于Nach200的0.718。

5.4.5 轴线分析与非通行行为的相关性分析

（1）二综区域

对二综区域各节点的非通行行为进行调研,结果见表5.14。

表5.14 二综非通行行为调研数据

节点序号	非通行行为（人次）			
	上课高峰	课间	下课高峰	小计
1	2	8	3	13
2	3	3	3	9
3	1	17	7	25
4	2	4	6	12
5	0	0	0	0
6	5	0	0	5
7	13	8	24	45
8	5	4	3	12
9	9	5	8	22
10	5	3	8	16
11	11	8	6	25
12	3	5	4	12
13	1	2	2	5
14	0	0	0	0
15	3	1	1	5
16	0	1	4	5
17	2	3	2	7
18	12	7	5	24
19	3	0	2	5
20	1	0	1	2

节点序号	非通行行为（人次）			
	上课高峰	课间	下课高峰	小计
21	5	3	7	15
22	3	6	5	14
23	21	17	25	63
24	2	2	1	5
25	37	23	28	88
26	15	6	11	32
27	1	1	2	4
28	0	0	0	0
29	5	3	7	15

二综各轴线分析数据与节点非通行行为相关性见表5.15。

表5.15　二综区域轴线分析与非通行行为相关性

	Int200	Int400	Int800	Nach200	Nach400	Nach800
相关系数	-0.056	-0.063	-0.063	0.125	0.163	0.163

二综区域步行空间中，相对通行行为而言，非通行行为在上课高峰、课间、下课高峰三时段中分布较为平均，上课高峰和课间时段稍多，下课高峰较少。相关性分析中，整合度、穿行度数据与非通行行为的相关性都很弱。其中，整合度与非通行行为均为负相关，最小值为-0.063，最大值为-0.056。穿行度与非通行行为的相关性稍高，不同半径下，相关系数为0.125到0.163，均为弱相关。

将节点按照空间类型进行分类，与穿行度分析结果Nach200对比见表5.16。

表5.16　二综区域步行空间节点类型与非通行行为频次

类型	环境特征	行为类型	节点编号	T1024 Int R200M	Nach200	非通行行为频次
室外台阶平台	与室外台阶开始和结束段相接的平缓区域	休息、交谈	1	96.996	0.957	13
			16	256.228	1.146	5
入口平台	建筑出入口连接的室外平缓区域，尺度较开敞	等候、交谈	3	139.447	1.154	25
			18	323.203	1.448	24
室外花园	位于室外的以绿化、休闲为主的区域，有休闲设施	自习、休息、交谈、使用手机	3-2			
门厅	建筑内外连通处的空间放大区域，尺度较开敞	等候、交谈、休息	6	94.320	1.045	5
			21	292.190	1.442	15

续表

类型	环境特征	行为类型	节点编号	T1024 Int R200M	Nach200	非通行行为频次
过厅	连通内部多条步行流线的放大区域,有休闲、服务设施	自习、购物、接开水、交谈、使用手机、休息	11	168.664	1.059	25
			26	236.652	1.307	32
电梯厅	电梯门前的放大区域	等候电梯、使用手机	7	97.406	0.924	45
			9	130.851	0.875	22
			23	182.125	1.219	63
走廊节点	走廊转折或放大的特殊区域,尺度较宽松	使用手机、休息、交谈、等候	8	155.645	0.892	12
			12	141.508	1.031	12
			22	234.531	1.286	14
			26	236.652	1.307	32

从表5.16可得,在同等类型、设施的步行空间节点中,非通行行为频次与Nach200仍表现出一定的关联,可理解为同等环境条件下,穿行度高的节点通行行为频次较高,发生非通行行为的概率较大。如7个走廊节点的尺度、环境特征基本一致,因位置分布导致其轴线拓扑关系不同,其非通行行为频次与Nach200值具有明显关联。

(2)博园区域

对博园区域各节点的非通行行为进行调研,结果见表5.17。

表5.17 博园区域非通行行为调研数据

节点序号	非通行行为(人次)			
	上课高峰	课间	下课高峰	小计
1	21	28	13	62
2	2	6	0	8
3	2	11	1	14
4	3	3	2	8
5	2	4	0	6
6	5	1	0	6
7	0	0	0	0
8	1	1	6	8
9	3	3	0	6
10	0	0	1	1
11	4	1	1	6

续表

节点序号	非通行行为（人次）			
	上课高峰	课间	下课高峰	小计
12	7	11	7	25
13	12	20	8	40
14	3	1	1	5
15	2	2	3	7
16	1	1	1	3
17	0	2	0	2
18	0	0	0	0
19	0	0	1	1
20	0	1	2	3
21	1	3	1	5
22	0	2	3	5
23	12	5	0	17
24	20	23	13	56
25	8	1	2	11
26	3	2	5	10
27	0	0	0	0
28	3	1	1	5
29	1	0	0	1
30	0	1	0	1
31	3	3	0	6
32	0	0	0	0
33	3	2	2	7

博园区域各轴线分析数据与节点非通行行为相关性见表5.18。

表 5.18　博园区域轴线分析与非通行行为相关性

	Int200	Int400	Int800	Nach200	Nach400	Nach800
相关系数	0.529	0.537	0.445	0.251	0.333	0.332

与二综区域类似,博园区域各节点非通行行为在三个时段内分布较为均匀,其中下课高峰稍少。相关性分析中,轴线分析数据与非通行行为的相关性较弱。其中,整合度与非通行行为相关性稍高,Int400 达到 0.537;穿行度与非通行行为的相关性很低,不同半径下,相关系数为 0.251 到 0.333,均为弱相关。

将节点按照空间类型进行分类,与穿行度分析结果 Nach200 对比见表 5.19。

表 5.19　博园区域节点分类

类型	环境特征	行为类型	节点名称	T1024 Int R200M	Nach200	非通行行为频次
入口平台	建筑出入口连接的室外平缓区域,尺度较开敞	等候、交谈	10	275.419	1.178	1
			18	152.421	0.920	0
			23	244.020	1.225	17
			25	241.199	1.362	11
室外花园	位于室外的以绿化、休闲为主的区域,尺度较开敞,有良好景观	休息、交谈、购物	5	194.408	0.967	6
			8	151.026	0.892	17
			17	162.995	1.199	2
门厅	建筑内外连通处的空间放大区域,尺度较开敞,部分有休闲、服务设施	休息、交谈、使用手机、使用服务设施	2	250.139	1.432	8
			3	263.060	1.363	14
			13	206.613	1.058	40
			24	246.644	1.367	56
			28	98.383	0.923	5
走廊节点	走廊转折或放大的特殊区域,部分有休闲、服务设施	打开水、交谈、自习	4	224.535	1.346	8
			6	203.882	0.942	6
			7	171.770	0.969	0
			19	119.897	0.961	1
			20	177.575	1.153	3
			21	220.662	1.216	5
			27	172.467	1.324	0
			28	98.383	0.923	5
			30	184.315	1.261	1
			31	104.590	1.247	6
连廊	连接不同楼栋的桥形空间,两侧有良好景观	使用手机、休息	22	240.021	1.280	5
屋面平台	利用建筑屋顶形成的区域	自习、使用手机	25	241.199	1.362	11

从表 5.19 可得,在同等类型、设施的步行空间节点中,非通行行为频次与 Nach200 有一定的关联。环境特征及服务设施对非通行行为的产生影响较大。如门厅节点中国,主门厅尺度较大,休闲、服务设施较多,同时也拥有最高的穿行度,非通行行为的频次明显高于其他门厅节点。

5.4.6 轴线分析在步行空间系统元素设计中的运用

通过对以上两案例的空间句法轴线分析、学生行为的调研及其相关性研究,表明在山地高校校园公共性较强区域的接地层立体网络范围内,可在较大程度上运用空间句法轴线分析方法预测通行行为的频次,为步行空间断面尺寸、通行能力等设计提供有效依据,帮助判断步行空间元素的构成方式、网络形态、通行能力的合理性。其中,运用标准轴线分析得到的穿行度数据与通行行为的相关性较整合度更强。

另外,空间句法轴线分析与非通行行为的相关性较弱,无法直接判断非通行行为的发生频次。通过对节点的分类分析,发现非通行行为的产生受到服务设施布局、步行空间类型、景观吸引点、通行行为频次等因素的综合影响。在空间类型等其他因素相同的情况下,非通行行为频次与空间句法轴线分析仍具有较强的关联。在设计中,加强穿行度较高的步行空间节点的服务设施和营造良好的空间环境,有助于促进步行空间内行为的多元化。

6 步行空间系统意象的共生性设计

高校校园是培养高级人才、聚焦较高文化与艺术的地方,校园空间是教育过程发生的物质环境。除实际的使用功能外,应具有更高层次的精神作用。这种精神作用通过空间所表达的意象,即以公众角度对空间环境进行主观感知,产生的符号化视觉形态来实现。步行空间是校园意象的重要载体,既是观察者习惯、偶然或潜在的移动通道,也是人观察、感受环境的主导途径,其他环境意象元素也多沿着道路展开。山地高校校园步行空间展示着校园的地域特征、文化内涵和价值属性,对校园的个性化形象塑造,教育科研事业的良好运行和长远发展具有重要意义。

本章通过对山地高校校园步行空间意象的特征解读、意象的表现策略及视域变化与意象表现的关联的讨论,寻求将校园步行空间意象表现与山地环境紧密结合的共生性表现策略。

6.1 步行空间系统意象的构成

6.1.1 步行空间系统意象的概念

(1)意象的产生

原初意义上,意象是一个古典性的审美概念,相应的问题涉及诗歌、绘画、建筑、景观等众多艺术门类。C. G. Jung 将意象(symbol)描述为能表达相比其直接的、字面意义更多的事物,即能表达对环境呼应的艺术信息。苏珊·朗格在《情感与形式》中提出,意象普遍存在于各类艺术形式中,但不同艺术形式的意象内涵有所区别。无论何种类型的"象",其功能均是"表意",即以"象"的维度把握"意"的表达。因此,意象强调"意"中之"象",或"意"与"象"的结合。在中国古代文论传统中的"言意之辩"是"象"生成的哲学背景,即要将"象"置于"言""意"的指涉结构中进行考察,把握其内涵。中国古代文论中的"言"主要指语言、言辞,"意"的内容更加丰富,包含从哲学意义上的客观物象、世界本体或万物之道,到文学或美学意义上的审美体验、主体感悟或情趣气韵。

　　在建筑、景观等空间环境艺术领域中,意象来自现实世界中某个事物所产生的物象,但不能直接将其等同。物象是意象形成的必然基础,具有相对明确的物质性;意象则存在于认知领域,在物象基础上生成并识别。意象包含两部分:一是物象,即"像",具体表现为从物中提取的一种视觉形式;二是具有象征意味的情感或意义,即"意"。"意"与"象"的结合,是强调由客观事物产生的物象被意义、情感、意念、思想、话语所认领或关照的一种状态或结果。也就是说,物象一旦被置于特定的意义系统中,被赋予了意义,就变成了意象。

　　物象与意象的转化与人的视觉认知密切相关。物象经过视觉思维活动的简约和抽象处理,进入意识领域,接受主观意识的刻写和加工,成为意识领域纯粹的形式,具有了表现的能量,承载着表征的功能。鲁道夫·阿恩海姆发现人在视觉思维中,会将物体从背景中"抽取",使其成为一个相对稳定的形式,完成从"物体"到"物形"的生成。在这个过程中,意象在人对事物理解的过程中提供帮助。瑞士认知心理学者让·皮亚杰特别指出,认识活动的抽象过程的发生环境是一个图式化的认知网络,并以不同的行为和概念性结构的形式组合而成。由此可见,从"物"到"形"的抽象过程是一种视觉形象思维的作用过程,过程的"形式逻辑"具体表现为背景的剥离、轮廓的提炼、结构的简化及细节的抛弃。过程形成的"像"必然是一个相对稳定的构造形式。一旦进入主观认识领域,在具体的使用语境下,便不可阻挡地接受情感或理性的雕饰,升级为一个一般意义上的意象。视觉认知过程并非静止的、消极的、沉默的,而是作为一种生产性的意义,向人们的主观世界敞开,最终在视觉认识论意义上发挥着意象符号基模功能。

　　社会或集体的共同意象,往往产生于集体无意识的状态。瑞士心理学家卡尔·荣格将无意识定义为一种"集体表象",意为尚未经过意识加工、最终表现为心理体验直接基点的心理内容。集体无意识所接纳的,并非个人习得的、思辨性内容,而是文化意义上的经验系统,来自在日常生活经验系统中反复发生、沉淀,并深刻地驻扎在无意识领域的事件。换言之,社会或集体的共同意象具有文化意义上的经验基础。如凯文·林奇的城市意象指出城市形象来源于公众的第一感觉,是多个意象的叠加,是通过人的主观感受来表达,不只是客观物质形象和标准判断。

　　步行空间是高校校园人文意象的重要组成部分。在人类历史中,高校具有极强的稳定性,经历了最漫长、吞没一切时间历程的考验,满足了人们的永恒需要,存在的时间长于任何政府,传统、法律的变革和科学思想。步行空间系统作为校园的框架,相比其他部分更具稳定性,使校园中的地域文化、学术文化、制度文化得以延续。学生在其中长期的活动过程中主动或被动接受步行空间系统的大量信息,从而对其思想体系的形成造成影响,让学生在其中行动、思考和感受,引导未成熟者,达到"蓬生麻中不扶自直""入芝兰之室久而自芳"的效果。

(2)意象与意境的关系

　　在设计中,常用到空间意象与意境这两个概念。意境自古是我国文人追求的重要空间特质,是思想文化表现的最高层级,是主观范畴的"意"与客观范畴的"境"结合的一种艺术境界,是一种让人感受领悟、意味无穷又难以言明的状态。该词最初由"意""境"并举,最终密不可分。词源可追溯至唐末孙光宪《白莲集序》,"议者以唐来诗僧,惟贯休禅师骨气浑成,境意卓异,殆难俦敌。"明代朱承爵《存余堂诗话》中"作诗之妙,全在意境融彻,出音声之外,乃得真味。"被认为是"意境"最早的用例,但"意""境"二字仍是并列关系。至清代,该词通常作为一词使用,表达客观环境、生活情境、作者心境、诗中情感等。王国维在《人间词话》中的"境界说"在当代"意境"的表述中具有较强影响力,其主要确认了中国古诗词所创造的独到艺术美感。叶郎在《美学原理》中提出除"意象"的一般规定性外,"意境"还有其特殊性,包括人生感、历史感、宇宙感的意蕴,具有形而上的特征。

在包括空间营造在内的各种艺术表现方式中,意境与观察者自身的主观情感有极大关联,使意与境构成了不可分割的整体。郑板桥在《板桥题画竹石》中写道:"十笏茅斋,一方天井,修竹数杆,石笋数尺,其地无多,其费亦多也。而风中雨中有声,日中月中有形,诗中酒中有情,闲中闷中有伴。"意即该空间不过石竹天井而已,但由于设计者的匠心,营造出适于把酒吟诗的环境和氛围,触发了主体的特殊心境和活动,实现了具体境象和审美心境的统一。

在建筑设计方面,意境侧重于建筑师对自身主观情感的抒发。冯继忠在《意境与空间》中,以建筑师的角度,通过大量理论和实践分析阐述了空间设计与意境的关系,提出通过结构、材料等将设计概念中的"意"固定下来,转化成可见的美学信息,让人再体验创造并自己生成意象。技法和意象达到一定的成熟阶段,才能产生意境,被人感知并产生愉悦的心理。

场所精神、现象学等西方建筑学理论与意象、意境有一定关联。近几十年来,西方建筑学理论中出现了对主观感知的重视。诺伯格·舒尔茨(Norberg Schulz)在建筑现象学中提出了场所精神,在物质空间以外讨论了作品在心理层面的感受和反馈,试图从现象学中主客体关系出发,通过直觉体验和特性意识的研究,归纳出场所的"定位"和"认同"功能,以探寻设计本质的意义。理论将自然空间形态按人的认知习惯分为古典式、宇宙式、浪漫式和复合式四种,认为栖居的意义源自在环境中的定位与自我认同。人工的建筑语言不在于激动人心的创新,而是对天地人基本关系的表现。

(3)重庆山地高校步行空间系统意象的构成

在长期的学习生活过程中,师生以整体认知为基础,通过对具有山地特色的步行空间环境进行感知,往往在不自觉的情况下,形成了意象的建构。这些意象具有易识别、易感知的个性,易与观察者群体产生联系,意象构成包括山地意象和校园意象两大方面。

重庆地区特有的山地自然特征是意象形成的根本,是区别于平原地区及其他山地区域的重要因素。山地步行空间拥有特殊的视觉特征意象。地形起伏较大,路径分布于不同标高平面上,有临江河、傍山脚、爬山脊、越山岭、跨峡谷、穿山体等多种类型,形成多层次的特征。依据特殊的地形地貌,步行空间不可避免地采用自由布置的方法,与平原高校校园的规整、有明显纵横轴线有很大区别。同时,地表起伏和路径的变换形成了独特的视觉角度,丰富的地貌提供了大量不同类型的景观资源。路径的依山就势,线形的蜿蜒曲折,断面的层次丰富,造成行人视点、视角、视觉对象的多变性。在不同的山位,视线被遮挡的程度不同,给视觉造成很大区别。如山顶或山脊,居高临下,视线开阔,一目千里;山腹、山崖或山麓部位,视线受到一定的遮挡,视野的方向性强烈;山谷或盆地,四周山体环绕,封闭内向,仅能对近距离进行观察。这些特征与地域文化相结合,逐渐形成了步行空间的山地意象。

校园意象是区别于城市其他功能区域步行空间的重要人文因素,使人一旦进入便感受到高校特殊的氛围。校园文化包括学术、教育、文明、传承、博爱、尊重、青春等内容,是一个个性独特、系统完整且稳定持续的文化体系。步行空间系统通过整体形态、地面铺装、植物配置、小品雕塑、服务设施等所蕴含符号意义，表达校园的文化本体，引起师生的情感共鸣，激起人们关于该学校的认知、共情与想象，达到传承创新、教育导向的目标。山地校园步行空间系统中，校园意象元素常与山地自然形态取得一定的联系，形成人工与自然的和谐，强化意象的感染力。校园意象通常以形象符号化、叙事主题化、观念具象化的形式表达。形象符号化指将高校文化中的物质层的景、物等进行符号化提取再设计，将熟知度最高、认知度最广的典型形象转换为大众所理解和认知的视觉符号，使之产生文化表征和形象力，与校园人文意象中的部分相匹配。叙事主题化是指将校园内发生的事情按照主题性进行梳理，以"文本"转换的方法加载到设计当中。高校作为传承文化的载体，其校名、历史、校训、校歌等都具有不同于其他群体的特性。步行空间设计可联系特定事件，向使用者传达、再体验校园生活中常见而又极可能被忽视的事情，让人感受学校"痕迹"、体验学校特有的"行为节点"，引发出丰富、多样化的感受，进一步加深校园人文意象。观念具象化指将高校文化的核心进行设计表达，借助于某一具体事物的外在特征，将其形象化、具体化，甚至赋予人格化的具象形式，使人们可感知、可触碰，借以表达某种富有特殊意义的事理，从而内化于心、外化于行。

6.1.2 山地自然意象的内涵

在经过人工改造的环境中，对不同于平原的、起伏的地形地貌的理解，是人们对自然界的整体看法，是对自然界本源、演化规律、结构及人与自然关系方面根本认知的具体表现。对山地自然意象内涵的探析，对步行空间系统具有形而上的哲学引导。重庆特有的山地地域文化来自多方面的影响，包括巴蜀文化、中原文化，西方文化。

（1）巴蜀文化中的山地自然

重庆所处的四川盆地是中华文明重要的发源地之一，巴、蜀是四川盆地古文明的两大分支。先秦时期，由于生产力低下，地形的闭塞，在长期的发展中形成了较为独立的自然景观体系。一方面对山地存在神秘感，进而将其神圣化；另一方面又通过对自然山水的改造，不断加深对山地的利用。山地意象既包含对大自然的敬畏，也包括对人类智慧的赞赏。

盆地先民出自山中，山林环境为其提供了食物来源和庇护之所。在泛灵信仰的影响下，认为山有灵性，具有神圣的威力，是圣人先祖的诞生或归天之处。重庆所属的巴国起源众说纷纭，《世本》中认为巴人起源于廪君活动的湖北清江流域，后到达川东及鄂西；《山海经》中有巴人起源甘肃东部、安徽淮水两种说法；《左传》《华阳日志》认为巴族与汉水中上游相关。战国时期被秦所灭。巴国疆域变动频繁，但主要位于川东长江、嘉陵江河谷地带，始终与山水相依存。传说蜀人先祖蚕丛居于岷山石室中，鱼凫王得道升仙于湔山。山水的变化莫测，使山地具有极强的神秘感。巫山神女、灵山十巫、巫师、神兽等皆现于山水之间。当地文化中产生了祭祀、供奉神灵的传统。

古代巴蜀科技发展中的山水文化从朴素的实用角度出发，形成了顺应自然规律，符合客观自然条件的观念。农业上，重庆地区平行岭谷地形中的方山、丘陵、沟壑纵横，不利于农业生产。早期居民充分利用川崖平地种植黍谷，丘陵山地种植稷谷，峡谷两岸土石不分之处种植燕麦。自宋朝农耕技术进步，坡地被改造为梯田，不仅能种植旱地作物，还能蓄水种植水稻,产生了与平原地区截然不同的农业生产景观。巴国的城市建设不同于平原,甚至与同属四川盆地的蜀国也有较大差异。由于川东岭谷地区缺乏大面积的平地,巴国城市多选择水系沿岸的冲积区域,便于取水、交通和农业生产;依托客观自然山水形势,利用险峻的高山和江水形成天然防御工事;用地多有起伏,建筑多以台地分布。

(2)中原文化中的山地自然

先秦时期,巴蜀地区与中原文化已有往来,自秦统一后,巴蜀地区成为中华文明的一部分,山地自然的意象受到中原文化的强烈影响,主要体现在山地特殊的神圣性、等级性、宗教性和审美性意象方面。

中原文化中,山地的神圣性来自其神秘性,对山的认识多停留在想象中。都城多建于平原,《管子·度地》篇中提到"凡立国都,非于大山之下,必于广川之上"。《山海经》中记录,黄帝来到人间,以昆仑为行宫。《水经·河水注》中有"昆仑之山三级,上曰层城,一名天庭,是谓太帝之居。"均由于昆仑距离当时的文明中心遥远,高不可攀,给人无尽的想象空间。"昆仑之墟方八百里,高万仞,有开明兽镇守,是百神之所在。"《礼记·祭法》中提道:"山林、川谷、丘陵,能出云为风雨,见怪物,皆曰神。"

儒家将社会等级观念与山密切结合起来,类比社会秩序。先秦时期已有"五岳"观念和山川分等,秦始皇将"五岳"与雍地诸方大山结合,列为一等山川,将"汧、洛二渊、鸣泽、蒲山、岳壻山之属"的小山列为二等,不同山川在祭祀时对应不同的对象,以维持社会的阶级统治。特定的山川起到昭示王权的作用。如自秦以后,皇帝举行登泰山"封禅"的祭祀活动,通过"会当凌绝顶,一览众山小"来告天之功,报地之酬,扬威显盛,安境靖边。对一般人而言,山川成为强调人类的社会原则与自然规律一致性的符号。程颐言"道未始有天之别,但在天则为天道,在地则为地道,在人则为人道。"由此观点,对自然的探寻的目的变为对社会矛盾和冲突的手段。对山水形态的观察不为发现地理或生物规律,而是将其人格化、精神化,与人的内在品德、仁义礼智等道德原则联系在一起(图6.1为我国现存最早的山水画《游春图》)。

山水之境常为宗教寺观择址之所。汉朝以后宗教兴起,多选择风景秀丽的山水之地驻址,极大丰富了我国山地自然的意象内涵。道教本身发源于四川盆地,提倡清静无为,返璞归真。山水清净的修炼环境,契合"道"的属性,满足修仙的心理需求,修道者常将对神仙居所和修道环境的追求寄托于山林之中。如峨眉山华藏寺,利用金顶主峰之巅、四周茫茫云海,烘托其金碧辉煌、崇高神秘、超凡脱俗的气质(图6.2为山环水绕的江西修水仁义书院)。

魏晋时期,由于社会政治混乱、道德纲纪沦丧、儒家思想败落、老庄思想复兴等原因,形成了一种对后世有深远影响的山水美学观念。山水逐渐由崇拜、阶级、宗教等对象发展为纯粹的审美客体,供人们欣赏并产生精神愉悦。这种观念在文学、绘画、园林中均得到充分体现。文学通常采用"托物言志","借景抒情"的手法,实现山水的意象化改造。绘画中讲求"外师造化、中得心源",主张画家以真实山水为基础,摄取其部分,并通过凝神遐想,参悟心中的感受。笔墨语言是思想和情感的载体,最终目的是达到有限形式与无限内涵的统一。园林艺术深受文学、绘画的影响,在营造过程中,首先是度山水之物象,提炼概括,再经人工巧作,实现人的精神与自然的关联,形成"物我合一"的意境。借景理法是中国园林的精髓,将有形的客观山水、虚渺的日月声光、无形的造园心境和意欲表达的情感志向相契合,启发个人感知。

山水美学的发展使中国城市中引入山林水体,如隋唐长安城将乐游原、曲江池等,以人造方式再现山林;南宋临安城紧邻山湖美景,政府组织环湖植树造亭,兴建寺观;元大都将城郊御园大面积山水景观纳入皇城,构成北京基本城市骨架。建筑环境中,中国人希望将整个自然纳入到相对小的空间,善于将广阔的自然山水微缩到咫尺之间,不论是模拟全貌还是截取一角,都是以整体性的形象思维,对自然进行概括提炼,产生的一种杂糅的状态,在有限空间中尽显幻化千岩万壑之势,"一拳则太华千寻,一勺则江湖万里",将天光、水色、山石、林木、花草等各种元素揉进一片"壶中天地"。

图6.1 我国现存最早的山水画《游春图》　　　　图6.2 山环水绕的江西修水仁义书院

(3)外来文化中的山地自然

自19世纪末起,开埠、改革开放等重大历史事件为重庆引进大量外来思想。这些思想源自不同时期、地域的多种文化,丰富了重庆地区的山地文化意象。

在历史早期,几乎所有的早期文明都对山产生敬畏和崇拜的意象。人类社会形成初期,人们利用山的障碍性,作为庇护或狩猎之处,成为自然美的重要来源;为捍卫领地,常利用山险筑造城池,争取空间及自然资源。生活于现南达科他州的苏族印第安人(Sioux Indian)将难以攀登的黑驯鹿峰(Black Elk)作为神界及世界的中心;传统印度将宇宙的宏观秩序与人的微观秩序相联系,认为人脊柱中的神经系统与世界之轴须弥山(mountain Meru)相对应,产生了动物性到无限的人类意识的转化(图6.3为中心符号式的须弥山)。

对自然山体的崇拜深刻影响了人类的建造方式。古埃及中王国和新王国为表达了对原始自然力的敬畏,将神庙及陵墓与山体结合,展现雄伟的气势;在两河流域的美索不达米亚,苏美尔保持着之前在北方山区生活所产生的对山地的信仰,认为世界是由从人界到神界的梯级秩序组成,基于这样的概念,在平原地区通过人工砌筑建造带有明显阶梯状的祭坛、空中花园;中美洲印第安人在建造城市时除依据天象外,强调洞穴、山峰对城市轴线的影响,印加帝国马丘比丘城用几何化的石砌梯田,在陡峭区域建造了面积超过 $13~km^2$ 的城市。

经典时期的希腊和罗马都位于多山的环境中,对山地的认知有了很大的发展。在古希腊传说中,诸神居住于奥林匹斯山上,众多祭祀场所选择在山顶或山坡修建,王宫与神庙相结合,形成了卫城。以卫城为中心,因地制宜、有机发展的城市成为古希腊大部分城邦建设的模式。卫城居于山体之上,以广场、神庙、贵族府邸等将其占据,既强调了山的神圣性,也强调了人的本位作用。住宅区域位于较低的山坡上,可达性较好的平坦地段布置集会场。主要道路顺延等高线,竖向人行梯道较为狭窄,整体服从于地形结构。古罗马沿袭了伊特鲁尼亚人和古希腊人在山地区域建设的传统,并融入了军事和宗教需求。尤其强调与地形结合的、交错的道路轴线在城市及园林设计中的运用,对节点的处理以及市政设施的建造等。随着建造技术的发展,对山地的依托逐渐减弱,并出现了强力改造地形的建造方式。

图6.3　中心符号式的须弥山

图6.4　C Friedrichf 的作品 The Watzmann

中世纪欧洲战事频繁,在16世纪加农炮发明以前,山地区域在防御上具有绝对的优势。在山体上建城,不需要提供复杂的供排水系统,交通以步行为主,道路系统相对简单,且不占用富饶的农田。山地城镇变成一个复杂的有机系统,随需求的变化,不断修正目标,并将和谐统一贯穿到整个过程当中。街道系统为适应地形和城市发展,呈现明显的不规则的系统性。街道将城镇的各个部分引导向市中心,形成明确的核心区;弯曲的街道空间能避免冬季寒风的侵袭,保障冬日室外活动的舒适度;除教堂等重要建筑附近外,狭窄的街巷合乎人体的尺度,给人以亲切的社区感;在敌人入侵时,街巷起到很好的防御作用。

文艺复兴时期开始了以人为世界中心的思潮,艺术开始关注人体的比例和情感。城市建造中主要对中世纪城市加以修补,如广场、教堂等重要公共空间、建筑的兴建,增强了空间的秩序感。山地园林艺术取得很大发展,意大利贵族阶级倾向于在城郊地势较陡的区域,通过台地处理、活泼精致的水景、几何化的植物配置来修建庄园,逐渐形成成熟的巴洛克园林风格。至16世纪,巴洛克风格对城市公共空间产生很大影响,善用曲线来消解轴线与地形的矛盾,如罗马的西班牙广场大台阶。车辆的增加,防御由外部向内部的转移,对权利的彰显导致了道路形态的进一步几何化,产生了与山地地形难以调和的矛盾。社会形态的变化也使得大量城市建设由山地转向平原地区。

18世纪,英国由于工业革命、君主立宪等,强烈打击了法式规划中的君主权威,经验主义哲学兴起和远东文化艺术的引入,产生了对自然的奴役等同于对人性奴役的观点。以英式园林为代表的设计思潮开始反对代表专制的几何化形式,与当时传入的中国造园手法相结合,追求自然、变化、惊奇和田园情调,强调蛇形的曲线美,有意识地保护自然起伏的地形。这类思想在当时急速发展的美国迅速传播开,对纽约、波士顿等大城市的规划产生深远影响。

20世纪中叶,两次世界大战的破坏和人口迅速增加、科技的突飞猛进等因素,导致城市扩张、特色缺失、生态破坏等现象,脆弱敏感的生态加剧了山地开发利用的复杂性和工程技术上的艰巨性(图6.4为C Friedrichf 的作品 The Watzmann)。粗暴的手段会造成经济上的极大浪费和对生态的破坏,甚至直接导致水土流失、滑坡、崩塌等灾害,也失去了山地特色与自身优势。规划思想出现了重大转变,空间营造中历史文脉和文化传统的延续受到重视,公共需求和公共参与成为设计中的重要组成部分,人类的整个生存环境得到关心。由社会、经济、自然等子系统构成的城市生态系统成为人类可持续发展的目标和行为准则。

6.1.3 校园人文意象的内涵

高校校园一直被视为传播文明和培育心灵的神圣场所,是一个以理性为基础的神殿,唤起人们心中的憧憬之情。校园文化在宏观层面上受到意识形态的影响,包括政治观、价值观、伦理观等;在中观层面上受到社会文化的影响,包括民族校园文化、城市地缘文化、时代多元文化等;在微观层面上受到高校自身文化的影响,包括高校历史、学科类型、人文氛围等。校园的物质文化也是思想的外化投射物,包括步行空间在内的物质环境很大程度上反映出学校的思想文化特征和水平,能激励学生不断挑战自我心智、努力发掘自我潜能、全面提升自我人格的文化。

(1)高校的校园精神

高校的观念、信仰和看待事物的基本原则构成了普遍意义上的高校校园精神。校园精神意象蕴含在步行空间系统环境中,使之区别于城市中的其他部分。校园精神可概括为自由精神、求是精神、关怀精神,此外,我国高校还受到传统文化的深刻影响。

自西方现代大学之始,自由精神是高校校园古老而永恒的命题。亚里士多德提出“人本自由”的观点,成为西方文明发展的基石。19世纪,英国教育家约翰·亨利·纽曼在《大学的理想》中论述到,大学的目的在于给学生提供一种“自由教育”,形成一种理想的学习环境。这样的环境使学生的身体、心灵得到完善的发展,并具有良好的品德,使他们能独立而深刻地思考,勇敢而果断地行动。步行空间是校园自由精神的体现,从行为本身而言,自由的步行意味着公平和民主,从空间政治学角度,步行是权利的一种宣示。德塞都(Michel de Certeau)提出反规训途径的探索,认为步行是重要的方式,开辟新的空间,创造窥视、观察的机会,从而打破原有稳定的等级秩序。自由的环境与放任、散漫有明显区别,后者会导致知识传播品质的降低,让学生遗忘对理想的追求,对生命永恒性产生肤浅的认知。涂尔干(Émile Durkheim)提出,校园是集体生活的场所,是在一定秩序和纪律基础上展开的。自由和纪律相辅相成,在外部约束的情况下,个人行动方式和身体技法被固定下来,逐渐转化为内在纪律,自觉作为内心的行动指南,不断趋向自由的人格境界。

求是是高校校园精神存在的价值所在,是高校在社会有机体中体现自身地位的根本生命力。美国教育家赫钦斯说,如果一所学校中听不到不同的声音,或他默默无闻地隐没于社会环境中,高校就没有尽到应有的职责。浙江大学前校长竺可桢先生在多次演讲中反复提出,高校是“求是”之地,“求是”首先是科学精神,但同时又是牺牲精神、奋斗精神、革命精神(图6.5为浙江大学校训石碑)。在该精神指导下,步行空间系统应具有更强的包容性、前卫性,以社会发展先行者的身份,积极成为新技术、新观念的实验场。

图6.5　浙江大学校训石碑
资料来源:校园官网

20世纪70年代,伴随着女性主义运动出现的关怀伦理学对西方高校校园精神产生很大影响。理论认为,关怀与被关怀是人类的基本需要,需要被理解、被给予、被接受、被尊重和被承认,学校是教会人们学会关怀的重要场所,校园应营造一种充满关怀的氛围。当今整个人类社会缺乏稳定感和连续感,学生在家庭、邻里中往往难以获得足够的心理满足。知识和技能传授对学生所学进行了限定,造成其缺乏对他人、世界、自然的认同和关爱。通过充满关怀的校园环境中,能弥补学生在此方面的欠缺。营造关怀环境是一项复杂的工程,需要打破一些陈旧的关系,如对官僚等级制提出挑战,对权力进行再分配等。良好的环境氛围带来良好的文化环境,学生在其中感受到幸福、体验其中的人文价值,从而逐渐转变为一种内在的精神需求,发展出一种关心周围一切事物、自觉投入环境建设的品质。

中国文化中,儒家与道家从两个方向对校园的精神加以塑造。儒家强调"天人合一",将天、道、理、气、心、性等问题全部人格化,形成以伦理为本位的文化,提倡超越以自我为中心的功利主义局限,由己及人,直到宇宙。孔子云:"入则孝,出则悌,谨而信,泛爱众,而亲仁。"孟子提出"明人伦"为遵旨的教育理论,"谨庠序之教,申之以孝悌之义。"伦理化的行为方式突出以"礼"的规范力量,讲究空间序列中的主次、顺序,并对自然要素也进行等级划分。道家认为自然才是人原初的本性,教育的本质在于帮助人恢复自然纯朴的原初,"复归于婴孩"。然后以自我负责的模式,而非对他人负责,并反对异己力量的干涉才是顺其自然的最佳方法。道家认为,良好的校园伦理不在于喋喋不休的道德灌输和说教,而在于在不知不觉、潜移默化中使人受到影响,"多言数穷,不如守中。"同时,尊重人的天性和自我内在价值,使学生间、师生间能进行平等的精神交往,破除等级的概念。

(2)校园的历史文脉

不同高校具有独特的历史,很大程度上记录了城市甚至特定文明的思想文化进程。英国教育家阿什比提出,大学保存、传播和丰富了人类的文化。步行空间中的校园历史文脉意象,反映着高校的审美情趣和价值取向,有利于个性化校园的营造和新老校园的传承。

在校园长期的发展历程中,往往会形成一些具有特殊意义、具有标识性的步行空间环境。这些环境作为一定历史阶段下,校园制度、事件或生活的见证,凝聚成校园特殊的场所,是校园发展建设的参照。一些步行空间系统伴随着校园的改造更新,在整体格局上反映了不同校园成长历史。如清华大学校园可分为红色建筑区和白色建筑区,红色建筑区保持建校之初的风格(图6.6为清华大学科学馆),白色建筑区更为现代。两区域的步行空间也突出了建设的时代背景和特色。红色建筑区中的步行空间延续清代宫苑与美国学院派轴线明确的风格,白色建筑区中以正交网格为主。一些特定的场所记录了校园某历史时期的事件或文化特征。剑桥大学剑河上众多的小桥拥有大量传说典故,如圣·约翰学院的叹息桥仿造威尼斯审判庭与监狱间的叹息桥的形式,勉励学生用功苦读;数学桥由牛顿经精密计算,建造过程没有使用铆钉(图6.7为剑桥大学数学桥);在徐志摩的诗中出现的克莱尔桥,建桥时因设计费问题,桥头的石球被故意切角。这些说法的真实性虽较低,但从侧面表现了校园的历史与文化,故至今仍广为流传。

图6.6　清华大学科学馆
资料来源:校园官网

图6.7　剑桥大学数学桥

图6.8　哈佛塑像

　　高校是最能体现以人为本,以人的思想为基础的社会单元。人物是校园文脉的重要主题,可分为标识性人物和主题性人物。标识性人物指被社会广泛认知的,在某国家或区域历史中起到推动性,与校园有着不解渊源的重要人物。如位于广州的中山大学和台湾高雄的中山大学均设有孙中山的塑像,表现了两所学校共同的历史渊源;湖南大学在道路路口处设立毛泽东塑像,暗示了伟人的故乡。主体性人物是以具体人物内容、典故、传说为线索,多表现在学校创立或建设中作出过突出贡献的教授和领导,其中教授的重要性较高。梅贻琦先生提出,所谓大学者,非谓有大楼之谓也,有大师之谓也。教授是高校的主体和主力,是教学科研工作的承担者,是校园文化薪火相传的载体。如苏黎世高工在物理学院大楼门厅中放置爱因斯坦的雕像;哈佛大学入口广场正对大门处,放置约翰·哈佛塑像,并因塑像并非哈佛本人、哈佛并非大学创始者等,更加展现了学校"求是"的治学精神,丰富了雕塑的内涵(图6.8为哈佛塑像);北京大学在由墨菲设计的原燕山大学部分的轴线上布置李大钊雕像,讲述其与大学间丰富的历史。

(3)高校的学科特征

步行空间倾向于规整明晰的结构、简洁庄重的形态特征。如伊利诺伊理工大学以电路板为意象,形成纵横正交的格网,以及周边单元式的次要步行网络;沈阳建筑大学以建筑巨构的方式,形成了规整、严谨的非中心性教学科研体系,一条斜向长廊穿越整个教学区,表达了促进交流、学科交叉的意象。校园通常强调个体间差异,寻求个性的解放,引导个体对自身及社会产生独特的、自己的认知。步行空间环境是激发学生发散式思维、独创性思想、批判性视角的重要因素。空间形态上多追求自由灵活的布局,材料上的丰富运用,结构上的开放包容,小品雕塑的趣味。

如辽宁芭蕾舞学校以"凤舞九天"为主题,围绕天鹅湖展开蜿蜒妖娆,收放自由的步行空间;中央音乐学院珠海校区在海面上架设如灵动飘带的步道,串联一个个如音符的小岛。在校园步行空间中,需要蕴含强烈的秩序性,通常采取高度几何化的网络,严整的中轴序列统领全局,体现出庄重、严肃、整齐、有序的气氛。如美国国家军事学院采用方整的路网体系联系广阔的训练场地和分散的建筑;我国国防科技大学从大门到主楼的中轴主导了入口区的空间格局。

6.2 山地自然意象的步行空间设计

6.2.1 自然意象的步行空间特征

基于山地自然意象的共生性以表现山地特殊地形地貌环境中,地域性的生态系统为目的。其中,自然是一个相对的概念,包括天然自然和人工自然两个子概念。天然自然指没有人为影响的自然或人类出现以前的自然,人工自然指借助人类技术手段,通过实践活动能动地改造天然自然的产物。马克思更重视人工自然,认为被抽象孤立的、与人分离的自然界,对人类来说没有价值。重庆高校基本位于城区或市郊,其基地的属性更偏于人工自然,步行空间可理解为在人工自然基础上的叠加。步行空间与山地自然意象的共生的特征则既表现天然自然的意象,也需表现人类实践后的人工自然的意象。

山地自然意象的共生性设计包括布局、形态、肌理三种方式。布局针对步行空间人工构筑与自然的相对空间位置关系,体现设计对待山地自然的根本态度。形态指步行空间自身与自然间的形体关系,既包括静止的形态,也包括变化的形态,如水体的涨落、泥石流等。肌理以较为细节的角度出发,通过步行空间界面,细腻地表现出山地自然的意象。

6.2.2 原有地貌的保留与冲突

将校园内具有山地特色或生态价值的区域保留下来,作为步行空间的景观背景,是表达山地自然意象最古老、最经济、最有效的方式。这类似于我国传统艺术中的"留白"手法,与虚实、有无等概念相通,实现"不着一字,而形神俱备""此时无声胜有声"的效果。被保留的区域是一个由无机物和有机物组成的复杂而脆弱的综合体,具有不可替代的价值。不仅在视觉上给人山地的意象,自然形成的、完善的生态体系对空气质量、环境噪声等方面具有较强的改善作用,给人良好的嗅觉、听觉,甚至触觉体验。在实施过程中,常难以对区域的地貌进行完全的保留,如哈佛大学提出的浙江大学紫金校区规划方案中,将西侧大面积湿地完全保留,被校方质疑对用地的实际掌控权不足,与校园功能不完全适应。通常多采取在原有地貌的基础上,进行一定的改造以适应校园的整体需求。

该方式一般通过区域的平面划分,将步行空间等人工建筑区域与保留区域隔开。由于山地的立体性,在大量步行空间中,能感受到自然地貌的强烈存在。被保留的自然区域也成为人对自身定位的重要元素,产生对空间的明确认知,取得心理上的安全稳定感。在保留区域的边界,通常布置各种公共步行空间,形成人工环境与自然环境的交融,山地自然意象与校园功能空间的和谐。如东英吉利大学将校园建筑相对集中地布置在一侧,与河流间保留了大片生态绿地,成为师生自由散步、休闲的场所(图6.9为东安格利亚大学鸟瞰图)。南京邮电大学仙林校区,自校前区至校园中心山体景观区间的教学区中布置条形广场,广场西侧为体量相近的楼栋组成的教学楼群,东侧为湖面和绿化景观。两侧截然不同的界面一方面强化了广场的轴向性,另一方面引导步行者望向东侧的优美的自然景观,在紧张的学习、科研中得以放松。

将人工与自然形成强烈冲突是获得山地自然意象的另一独特手段。通常以竖向上的分离并置,如桥型步道或地下步道,在基本保留原始地形地貌的前提下,通过两种截然不同的形态、材料,达成两者间"异质异构"的冲突美感。

桥型步道跨越沟壑,凌驾于山体上,具有广阔的视野和自身的景观标识性。如南洋理工大学工学院、意大利卡拉布里亚大学采用桥型结构,平直理性的线条与起伏不定的地表形成强烈的视觉对比;莱斯布里奇大学教学综合楼以长达800 m的体量,横亘于支离破碎的Oldman河谷岸线之上,粗壮明确的混凝土横向立面与地面巨大的起伏形成强烈的反差;中国美术学院象山校区北侧,通过两座钢构件廊桥联系了中心的自然山体,轻灵的钢构杆件交错形成不规则桁架,产生了传统木结构的视觉感受。

隧道是深入大地内部、穿越山体的捷径,冬暖夏凉的温度和安静神秘的氛围吸引行人前往逗留,但缺乏自然采光、过高的湿度、霉菌的生长等让人产生不适。可采用天窗、采光管、光导纤维等设施,尽量引入自然光,加强人工照明、明快的饰面材料及图案等保障隧道安全,制造活跃的感觉。如中国地质大学武汉校区,厦门大学穿越校内的景观山体,通过灯光、涂鸦壁画等形式将隧道作为促进学生交往的场所(图6.10为厦门大学涂鸦隧道)。

图6.9　东安格利亚大学鸟瞰图　　　　　　　图6.10　厦门大学涂鸦隧道

6.2.3　起伏地形的呼应与模仿

与山地环境形成耦合,产生上下起伏、蜿蜒曲折、簇群分布等空间特征,是让步行者体验独特山地意象的常用方式。在中国传统园林文化中,早有模仿山地自然,追求曲折、起伏、迂回、幽深,使步行的功能异化为导景、观景、品景、赏景的传媒中介。《园冶》中提出"不妨偏径,顿置婉转""路径盘蹊,蹊径盘而长""径曲景幽,景幽客散"。彭一刚在对中国古典园林分析中将路径引导策略分为路径地面、界面围合、周边景观三方面。受到中国传统园林文化影响,十九世纪英国园林的思想方向和艺术创作逐渐由宗教、极权转向人间和自然,出现大量对山丘、湖泊、树林的模拟,园路的线形由追求轴线与秩序,转向曲折与自由,与自然地貌结合更为紧密。

19世纪中叶,以奥姆斯特德为代表的设计师们,受到英式田园与乡村风景的影响,鼓励充分利用空间的现有自然元素,认为在工业化和城市化发展的背景下,自然可作为抚慰心灵、治愈城市顽疾的良药,有利于促进学生心智发展、培养良好行为习惯。提倡校园布局依地势展开,楼房通道的走向依自然起伏而确定,部分服从整体,修饰不留痕迹。在1857年至1895年间,奥姆斯特德设计了大量学校,包括加州大学(伯克利)、缅因州大学、斯坦福大学等。加州大学伯克利规划,运用了大量与地形、河流相呼应的曲线式路径,开创了与山地空间耦合的当代高校校园步行空间模式。1938年,赖特在为佛罗里达南方学院中,认为"放射"(Reflex)的对角线模式比正交模式更适合于当地的山地自然特征,结合30度和60度的轴向在坡地上布置建筑和风雨廊,创造了天井小院、大型院落、开阔草坪和形态各异的户外空间,运用风雨廊、建筑外廊和过道连成步行网络(图6.11为赖特设计的佛罗里达南方学院平面图)。

由于山地各区域间建设条件差异较大,校园各功能空间和步行空间的分布受到自然地形的强烈制约,呈明显的组团化、簇群化。分散的格网与地形地貌相融合,不仅取得山地聚落的空间意象,自然圈定了各自区域的范围,还回归了传统书院的形态特征。香港中文大学采用多组团的校园模式,各组团有相对独立的步行网络,并由主要道路相联系,各组团的步行网络自成一体,与大学学院制的组织模式相吻合;武汉大学在不断发展过程中,也形成了多组团的格局,各组团选取珞珈山相对平缓的区域建设,保障了步行空间系统的舒适度,控制了建造成本,并使得庞大的校园掩映于东湖边的青山绿水中。

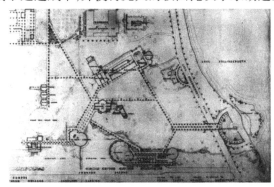

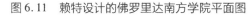

图6.11　赖特设计的佛罗里达南方学院平面图　　　　图6.12　谷歌太阳谷校园方案

　　一些校园本身山地特征不明显,但与周边甚至历史上的山地环境取得呼应,模拟山的形态意象。如 Grafton 建筑事务所设计的秘鲁利马工程技术大学,在建筑北侧立面模拟城市的悬崖地貌,对应了城市高速路;南侧模拟山坡的形式,采用层层退台,形成层叠的屋面平台空间,与下方低矮的城市住宅区相连接。Google 公司在南加州地区的 Sunnyvale campus 方案,不仅让建筑模拟山的形态,与远处连绵的山脉遥相呼应,还在立面上布置层层向上的坡道,吸引人们走出室内,相互交流。辛辛那提大学校园以当地曾经蜿蜒的溪流为意象,结合基地起伏地貌,将不同宽度等级的步行道在丘陵间蜿蜒穿插,布置喷泉、叠水、树阵等景观元素,唤起对当地历史的独特记忆(图6.12为谷歌太阳谷校园方案)。

6.2.4　地域材料的提取与重组

　　材料的质感和肌理给人以直观的视觉感受,引起心理的联想,增添空间感染力。山地地域材料的提取与重组,是传递山地自然意象的有效方式。材料的基本类型包括木材、石材、混凝土、砖、金属、玻璃等。木材作为古老又永恒的材料,富有质感和良好的可塑性;石材坚硬耐久,能制造粗犷浑厚或光洁华丽的各种效果;混凝土是一种极佳的人工材料,具有极强的雕塑性,同时造价相对低廉;砖是一种古老的人工砌筑材料,自19世纪在英国大学校园普遍采用后,在全球高校校园中广泛传播;金属具有较强的现代技术美学特征,造型方便,抗拉性强;玻璃具有的透明性和丰富的反射、折射的特殊效果,通常与石材、金属等形成鲜明的对比。

　　石材与木材是山地区域传统的原生材料。中西方均常使用天然石材作为地面铺装、堡坎挡墙、桥梁堤坝。根据石材的种类、建造方式、构造形态的不同产生了各自地域的自然及文化特征。如杜克大学东西两校园均采用美国东南的花岗石,坚固的材料砌筑了乔治亚古典主义和哥特风格的建筑,以及意大利风格的园林,与周围茂密的森林一起,提供了优雅的绅士风度和严谨务实的治学氛围(图6.13为杜克大学校内大台阶)。延安大学在核心区的各主要建筑中,将窑洞符号与实际功能需求相结合,塑造贯穿校园的步行拱廊空间,夏天遮阳、冬天挡雪,有效应对延安气候特点,为师生提供交流场所。拱廊以当地常用的黄砂岩砌筑,并采用传统的手工密缝方式砌筑,突出人工敲凿的痕迹,生动多样的质感及厚重质朴的感觉,表达对地域文化的传承,体现自力更生、艰苦奋斗的延安精神(图6.14为延安大学新校区图书馆）。

图 6.13　杜克大学校内大台阶

图 6.14　延安大学新校区图书馆

6.3　人文意象的步行空间设计

6.3.1　校园人文意象的步行空间

基于校园人文意象的步行空间共生性设计指在步行空间的物质环境打造中,融入校园文化的精神性元素,以达到阐释高校个性,传递校园文化的目的。相比山地自然意象,校园人文意象更为抽象,表现手法也更为隐晦、含蓄,可由符号化的空间、围合界面、公共艺术小品三个方面进行。符号化的空间指基于各校园不同的地形地貌,采取不同的、能体现校园文化的符号性步行空间形式,并通过对特定环境的适应表现高校自身的校园文化。围合界面指通过山水的整理、植物的配置、建筑立面、服务设施等,构成具有高校特殊文化属性的步行空间界面。公共艺术小品指在步行空间中,以图案、雕塑等艺术形式,较为直观地表现校园文化。

校园文化对步行空间意象的反向作用明显,即一个普通的步道或广场,在一定的人物、事件作用下,具有了特殊的场所意义,成为群体认同的校园文化符号。此时,仅需要某些标识便可以唤起人们对该场所文化内涵的思考。

6.3.2　符号空间的错位与变异

轴线、院落等是表达校园文化常用的符号性空间元素。轴线在校园中的广泛运用源自美国民主社会和苏联社会主义强力型国家意志,以及我国本土的皇权传统,使之成为一种非常原型的、具有超级意识形态和"普世价值"的空间要素。从欧洲早期教会大学到美国学院派列柱围廊的三合院,从我国传统书院到 20 世纪中期学习苏联的网络状布局,院落都是高校校园中重要的空间组织单元,在交通功能外,满足师生对户外活动、休闲交往等活动的需求,成为代表校园文化的典型空间形式。在我国当代校园设计中,常被作为传统书院文化的空间意象要素(图 6.15 为加州大学圣迭戈分校鸟瞰图)。

山地高校中,轴线、院落的空间完整性往往受到地形的强烈限制,产生空间上的错位和形态上的变异。轴线常难以保持笔直的形态,被分解为多个段落,相互错接;在特定的段落,依据地形形成多级台地的串联,随着台地不断抬升,给人攀登高峰的心理暗示;结合地面起伏所产生的虚轴,借助山体宏伟的形象作为视觉背景,共同构成轴线空间。如加州大学圣迭戈分校将景观轴线与建筑步行空间整合起来,在校内一座小山丘顶端布置图书馆,并将其作为在不断攀升的步行轴线的终点。沿轴线不断前行,爬上山丘,可继续通过图书馆内部可抵达顶部,俯瞰宽广的海岸线景观。南非开普敦大学校园以大台阶联系多级台地,形成步行空间主轴线。主轴正对宏伟的魔鬼峰,以巨大的山体背景作为台阶的延伸,让人肃然起敬。

院落空间常无法按照平原高校严谨的轴线式、网络式布局,而是因循基地特征,散落式、簇群式分布于相对平坦的各级台地上。院落的轮廓、朝向、开口等均与基地地形密切联系,产生丰富的空间形态和层次。如中山大学深圳校区中,公共教学实验楼、各学科群、宿舍食堂等均以院落簇群的形式,围绕中心的自然山体分布。各组团依据自身的功能需求和地形特点,形成条形院落、开放性院落、多院落组合等多种形式,院落内部被划分为多个台地,并由架空连廊联系两侧的建筑,构成丰富性极强的立体步行空间系统。中国人民大学黄山环境学教学科研基地位于人文气息浓厚的黄山北麓,设计以书院为空间原型,根据大堂、教学、实验、生活等不同功能设置组团,各组团以院落模式进行组织,布置在不同标高的平台上。大堂院落为建筑群的中心,通过廊道连通其他院落(图 6.16 为中山大学深圳校区鸟瞰图)。

图 6.15　加州大学圣迭戈分校鸟瞰图

图 6.16　中山大学深圳校区鸟瞰图

6.3.3　围合界面的风格与象征

步行空间的围合界面包括山水、植被等自然元素,及建(构)筑物、服务设施等人工元素。这些元素给人以明确的视觉信息,让人产生联想,可成为传递校园人文意象的载体。

17 世纪末,克里斯托弗·雷恩爵士在剑桥大学三一学院图书馆设计中,将方院的临河一侧建筑低层架空,使优美的剑河景色得以渗透。奥姆斯特德在加州伯克利校园中,楼房通道走向依自然高低起伏,室外路径转弯盘旋,深信亲近自然有利于学生生理及心理的健康。阿瑟·亚历山大将西蒙弗雷泽大学中心方院面朝自然湖泊一侧底层架空,片状的竖向构件顺应景观视线,将山湖美景引入到校园核心,表现了校园特殊的地域文化。中国传统文化拥有更为久远、深厚的山水情怀。《礼记》中记录周朝天子学宫称为辟雍，诸侯学宫称为泮宫；辟雍四面环水，泮宫南面有水。宋代书院多选择山川秀美之地，让天人合一、道法自然的思想深刻嵌入我国传统学术文化中。我国近现代高校校园自选址阶段便注重山水的融入，大部分山地区域的校园均将山水作为其校园文化的重要组成之一。

植物既表现校园的自然观，又蕴含校园伦理观。如常青藤由于四季常青、善于攀爬于建筑上，许多美国高校使用其美化环境，进而成为顶尖高校联盟的代名词。埃默里大学根据亚特兰大与意大利北部气候相似的特点，在植物配置上强化了意大利文艺复兴风格。中国传统思想习惯将植物人格化。松柏耐寒，抗逆性强，面对风雪或仍挺立不倒，经风吹拂发出似万马奔腾的声响，具排山倒海之势，宜立于危岩之上；竹的品质常与中国文人相联系，山阜种竹行根多盘以勉励学子生生不息；荷花，或称莲花，也是脱离庸俗而具有理想的君子的象征，柳树、木芙蓉等生长繁盛，皆应择水而植。我国古代官学以种植柏树、槐树为主，并有榆、椿、桑等。国子监中的槐树有"公卿大夫之树"之谓，种植三棵槐树分别代表太师、太傅、太保，激励学子考取高官，以单株立于庭院硬质铺地当中，不植灌木、藤蔓。现代高校校园对植物的选择还带有历史性、地域性特征。如武汉大学校园内种植早樱、晚樱、小日樱花、垂枝樱等樱花，花色丰富、绚丽多彩、枝干多异、花期不同，盛开时节，宛如云海，吸引大量游客前往观赏。樱花的种植始于抗日战争时期日军侵占武汉后在武汉大学老斋舍建立日寇指挥部，但现存大部分为中日建交后为体现中日友好而种植。

校园建（构）筑物所形成的步行空间围合界面是表现校园文化的重要方式，记录了特定区域在特定历史阶段的社会文化思潮。如19世纪伴随学院派规划而广泛流行的新古典主义风格和文艺复兴风格，在英格兰盛行的红砖风格；19世纪末至20世纪初，起源于英国并传播至澳大利亚、加拿大、韩国，并在美国流行开来的哥特复兴风格；20世纪中叶，在第二次世界大战后社会发展、新材料、新技术涌现的情况下，简洁、廉价、适于快速建设的现代主义风格；20世纪中后期，与原有现代主义相对立冲撞，并分为多个流派的"后现代主义"等。我国山地高校校园既受到国际流行，也受到地域文化的影响。如武汉大学核心区融合中式建筑的古典折中主义建筑，厦门大学带有闽南文化的嘉庚风格。我国当代山地高校建筑呈现以简约的现代主义风格为主，多元并存的现象。在老校区扩建或新建校区中，通常将建筑风格作为文脉延续的重点，如厦门大学漳州校区传承"斜顶、红瓦、圆柱、拱门、连廊、台阶"的风格，福建师范大学新校区规划中，总结老校区"斜屋顶、翘檐口、红墙面、拱门窗、石墙脚、大圆柱、楼连廊"的建筑精髓，作为"山水学村"文脉传承支点（图6.17为厦门大学漳州校区教学主楼）。

服务设施包括休闲设施、照明设施、标识设施、智能设施等，具有满足并引导多样性行为等功能，也是体现办学理念、校园文脉等校园人文意象的元素。如休闲设施的设计与梯级、堡坎的结合；照明的色温、灯具类型、阈值增量、图像视频等对空间氛围的作用；标识设施对历史事件信息、人物背景介绍、特殊自然环境的提示；智能设施对交通、休闲、照明等多系统的协调，加强步行体验。如澳大利亚弗林德斯大学文化中心，利用基地内部的高差形成可容纳2 000人的梯级休闲看台。混凝土的看台边缘刻有学校重要的历史人物名字、诗句等。在夜间，不同色温和亮度的照明适应演出、酒会等活动，吸引了周边社区、企业的人群，使其不仅成为校园的公共核心，也体现出促进广泛交流、开放包容的当代校园文化（图6.18为林德斯大学文化中心景观）。

图 6.17 厦门大学漳州校区教学主楼
资料来源:校园官网

图 6.18 林德斯大学文化中心景观

6.3.4 公共艺术的介入与融合

公共艺术是在具有开放性、参与性的艺术创作和相应的环境设计,包括雕塑、壁画、艺术化的设施等内容,凸显以文化价值观,与校园历史文脉、物理特征、场所精神、视觉结构、使用功能和精神诉求有着广泛而深刻的联系。公共艺术与山地高校步行空间的有机融合,在校园人文意象表达中起到画龙点睛的作用。

壁画、浮雕、图形铺装等平面公共艺术形式通常与步行空间的本体及围合界面相结合。如加州大学圣迭戈分校在 1982 年校园更新中增设一条长仅 170 m、宽 3 m 的蛇形小路,连接中心图书馆和沃伦商业街预留的公共空间。道路沿雕塑和花园缠绕,以彩色青石色瓦片铺装。靠近尾巴处,蛇形身体环绕着密尔顿史诗中巨大的花岗石;靠近头部的圆圈内设计了一个热带"伊甸园",就像蛇的身体蜿蜒穿过桉树林以及校园丛林。菱形斑纹的响尾蛇的形象暗示当地的地貌和野生自然带来的恐慌,也体现了美国西部不可知的广袤沙漠区域,象征了现代大学中知识的空白及对知识的追求(图 6.19 为加州大学圣迭戈分校蛇形小路)。

圆雕小品以其立体性、多观赏角度的特性,常成为步行空间节点的标志物,与人的互动性更强。如为纪念武汉大学著名前校长李达,学校在行政楼前方林间步道中修建了纪念园。纪念园被包围在郁郁葱葱的树林中,在较宽阔的台地上放置李达的塑像,周边有许多圆桌石凳,为学生提供能感受校园文脉的休闲学习场所。康奈尔大学在建校 150 周年之际建造纪念园。纪念园选址于大学两位创立者,埃兹拉·康奈尔和安德鲁·迪克森·怀特雕塑的延伸线上,从人行道向斜坡下的榆树林延伸。项目由 45 块花岗石景观长凳组成,长凳侧面刻有学校 150 年以来的辉煌历史,希望来访此处的人们可以通过雕刻的文字了解到大学的学术理念、历史和创新,进而产生共鸣。项目的另一个特点是其未完成性,随着时间的推移,未来可能出现更多刻有康奈尔大学历史的石凳,呼应了大学创始人所说的,"除去这所大学的建立,我更希望你们可以看到它永无止境的发展。"(图 6.20 为康奈尔大学 150 周年纪念园)

图 6.19　加州大学圣迭戈分校蛇形小路

图 6.20　康奈尔大学 150 周年纪念园

6.4　视域变化的意象表现

空间的意象元素主要在步行者在行进过程中,通过视觉方式进行获取与建构。视域是视觉信息中的重要因素,让步行者体验空间的尺度与变化。本章试图通过质化与量化结合的方法,探讨视域变化与重庆山地高校校园步行空间的意象表现的关联性,为山地高校校园意象表现的设计方法提供理论依据。

6.4.1　视域变化在空间意象表现

(1)视域变化的作用

空间收放是给予步行者对空间感知的重要方式。F. Gibberd 强调对环境的心理体验存在于人的运动过程当中。彭一刚提出在中国古典造园中,空间对比手法运用最为普遍,形式最多样,也最富成效,欲扬先抑、欲露先藏都是通过空间尺度及形态的变化让人取得丰富的感受。刘滨谊对空间对比进一步细化,提出相邻两个景观空间的变化幅度和感受时间长度决定了观赏者对其空间的瞬时感受量。预设 A 为序列中某一空间内部的变化幅度,T 为此空间内部的感受时间,B 为序列中另一个空间相对于前者空间的变化幅度,三个变量会产生多种感受(表 6.1 为景观变化幅度控制)。

表 6.1　景观变化幅度控制

资料来源:作者自绘

序号	内部变化幅度 A	感受时间 T	外部变化幅度 B	感受特征
1	较小	较小	较小	瞬时感受很小
2	较小	较小	较大	一定的瞬时感受
3	较小	较大	较小	瞬时感受很小

续表

序号	内部变化幅度 A	感受时间 T	外部变化幅度 B	感受特征
4	较小	较大	较大	较大的瞬时感受
5	较大	较大	较小	瞬时感受很小
6	较大	较大	较大	较大的瞬时感受

与园林不同,山地高校校园中,空间收放由不同的坡度特征和山形走势,结合植物、建(构)筑物等多种元素的布置形成"横看成岭侧成峰,远近高低各不同"或"山重水复疑无路,柳暗花明又一村"的意象。

空间的信息大部分来自视觉。Susan Parham 提出可视性的概念,指人在空间中所能获得的视觉信息的多少,是人接受环境信息的最主要来源及空间环境效果赖以产生的基础。贝内迪克特(Benedikt)提出等视域和等视域场的概念,即从给定位置可见的所有点集的轮廓线,提出视野变化能揭示一个人在环境中移动时对空间的理解。视线的远近层次更为丰富,Marr 将其总结为视觉提供的尺度空间的因果性理论,认为大尺度是小尺度的平滑和简化,所以尺度空间中的图像信息量随着尺度的增加而减少。远距离使景深感减弱,景色倾向于平面化;近距离的空间收放带来更强烈的视觉感知和更多的细节。这些变化结合校园文化、发展历史、学科特征,构成校园步行空间的整体意象。

(2)视域变化的量化分析

20 世纪 70 年代,西方出现了质化与量化结合对空间视域变化的研究方法。通过定量的方法,以数量来表示视域的变化,与空间收放的感知程度进行分析、比较、解释,从而获得两者间的某种规律,对山地高校校园步行空间的意象表现发挥指导作用。

Benedikt M L 认为对空间的描述需要多个视域共同作用,提出"视域场(Visovist field)"概念。Conroy 对具有较远的视觉距离和行进、停顿、环视等行为进行调查研究,得出行人停下重新选择路径的空间需要有较强的可见信息。Turner 提出建筑中从局部到整体的可见性分析模型,反映源视点与周边可见视点间的交互和可见属性,及与空间观察者在该空间中停留可能性的关系,认为视域所给予的空间信息越多,越能引导步行者在此停留。Wiener J. M 等通过两组实验,探讨了视域等因素与人类空间经验及行为间的关系,特别研究了不同视域对不同行为的影响。

我国近年来通过质化与量化结合的视域变化对空间的研究逐渐增多,尤其在园林景观的研究当中。如孙鹏运用传统理论及空间句法对承德避暑山庄进行空间分析,力图得到空间句法在中国传统自然园林中的可操作方法;张姝对拙政园进行视域量化分析,并探讨其随游览路线的变化规律;杜嵘等以某风景名胜区详规为例,通过多个视点的视域变化与社会学网络分析,提出可量化的视域景观结构布局方法;杨琪瑶在史料研究和实地测绘基础上,对6座中国假山和9座欧洲迷园进行量化研究,分析曲径组合形式与其空间神秘性、趣味性之间的关系。

6.4.2　重庆山地高校校园分析

(1)研究路径选取

选取具有代表性的三所山地高校校园,分别为重庆大学虎溪校区、四川美术学院虎溪校区、四川外国语大学新校区。通过学生调研,各选择一条最具代表性的步行路线。

重庆大学虎溪路线由东门出发,沿广场向西抵达云湖畔,沿着滨湖步道至缙湖路,沿缙湖南岸滨水步道向西,攀登山体至山顶。将路段按70 m间距取得17个节点,并分为4个路段。路段1由节点01到节点04,主要为东门入口广场;路段2由节点04到节点09,主要为云湖滨水道;路段3由节点09到节点13,主要为缙湖滨水道;路段4由节点13到节点17,主要为登山道(图6.21为重庆大学虎溪校区视域分析路径)。

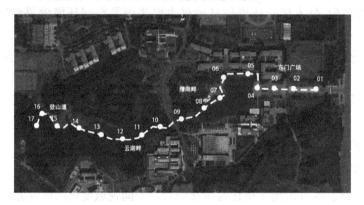

图6.21　重庆大学虎溪校区视域分析路径

四川美术学院虎溪校区路线由东门广场出发,沿虎溪公社后方道路进入人行隧道,穿过隧道进入绘画楼东侧油菜花景观区,通过爬山廊抵达图书馆及行政楼西侧,向西南穿越荷塘景观区,抵达体育场。将路段按约70 m间距,取得18个节点,并分为3个路段。路段1由节点01到节点06,主要为入口区域;路段2由节点06到节点12,主要为油菜花景观区步道;路段3由节点12到节点18,主要为荷塘景观区滨水道(图6.22为四川美术学院虎溪校区视域分析路径)。

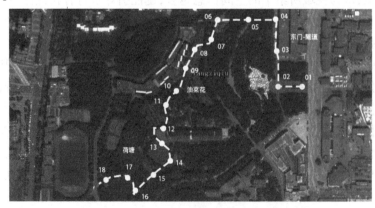

图6.22　四川美术学院虎溪校区视域分析路径

四川外国语大学新校区路线由北侧广场出发,沿行政楼西侧向上攀爬,经过字母广场,穿过景观大道,进入生活区,在食堂广场处向西沿台阶进入宿舍区。将路段按约 70 m 间距,取得 17 个节点,并分为 3 个路段。路段 1 由节点 01 到节点 05,主要为教学区步行空间;路段 2 由节点 05 到节点 11,主要为景观大道;路段 3 由节点 11 到节点 17,主要为生活区步行空间(图 6.23 为四川外国语大学新校区视域分析路径)。

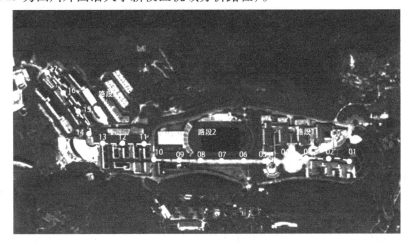

图 6.23　四川外国语大学新校区视域分析路径

(2)各路经意象感知调研

在三所校园中各抽取 50 名学生,以问卷的形式进行调研。问卷采用语义差别法,要求对各自校园全路段、各分段路段的整体意象、山地自然意象、校园人文意象的表现程度进行评分。1 表示意象表现很弱,2 表示较弱,3 表示一般,4 表示较强,5 表示很强。在回收的问卷中随机抽取有效问卷各 40 份,得到平均数值,将数值转为等级,结果见表 6.2—表 6.4。

表 6.2　重庆大学虎溪校区步行空间意象表现调研结果

	山地自然意象	校园人文意象	山地高校综合意象
整体	一般	较强	较强
路段 1	很弱	很强	较弱
路段 2	较弱	较强	较强
路段 3	一般	较弱	一般
路段 4	较强	较弱	较弱

表 6.3　四川美术学院虎溪校区步行空间意象表现调研结果

	山地自然意象	校园人文意象	山地高校综合意象
整　体	较强	很强	很强
路段 1	较强	很强	很强
路段 2	较强	较强	较强
路段 3	很强	很强	很强

表6.4　四川外国语大学新校区步行空间意象表现调研结果

	山地自然意象	校园人文意象	山地高校综合意象
整体	较强	较弱	一般
路段1	很强	较弱	较弱
路段2	较强	一般	较强
路段3	较强	很弱	较弱

6.4.3　视域图形的分析

视域图形的绘制是进行视域及其变化分析的基础,绘制方法考虑视点高度、视域半径、视觉边界界定等因素。

根据我国大学生生理特性,以男性平均身高1.72 m,女性平均身高1.65 m计算,取平均值,将视点高度定为地面以上1.50 m。人眼水平视野在左右60°以内,但人在行走时,头部和眼球处于活动状态,可认为覆盖四周;垂直视野在视平面以上50°和视平面以下70°,在站立时自然视线低于水平线10°。为便于研究,本章将以1.50 m高度作为中心,沿水平方向做圆周,作为视域的平面。

芦原义信提出的尺度基于人的视觉识别距离,形成其外部空间尺度模数。其中,20~30 m是可以清楚地识别一栋栋建筑的距离,100 m以内是能对建筑留下印象的距离,600 m以内是可看清建筑轮廓线的距离,1 200 m以内是产生建筑群印象的距离,1 200 m以上则是城市景观的距离。王其亨以风水理论"百尺为形,千尺为势"的模数思想进行推导,认为30 m左右能辨别景物形状,250 m左右能展示整体气势。本章从山地高校校园景观尺度及地形特征出发,采用芦原义信提出的可观察表情细节尺度和可分清人体轮廓的尺度,即25 m和100 m为视域半径。25 m视域半径提供宽敞或狭窄的近景感受,100 m视域半径提供开阔或逼仄的视觉背景。

外部空间尺度划分见表6.5。

表6.5　外部空间尺度划分

提出人	小	中	大	超大
芦原义信	20~30 m	25~100 m	100~600 m	600~1 200 m
F.吉伯德	<24.38 m	23.38~137 m	137~1 219 m	<1 219 m
刘滨谊	20~25 m		110~390 m	<390 m
王其亨	23~35 m		230~350 m	

视域边界即视线可达的最远界面,包括山体、植被、建(构)筑物等。对于虚透的建(构)筑物及植被,借鉴孙鹏在其博士论文中对承德避暑山庄的研究方法,即通透率低于50%按遮挡计算,高于50%按不遮挡计算。如建筑的外立面为一般墙面,后方景观通透率低于50%时视为遮挡,当为架空等情况且后方景观通透率超过50%时视为不遮挡;乔木在视点高度为

树干视为不遮挡,为树冠时视为遮挡。由于山地地形起伏,乔木的树干、树冠与步行道的相对高度不一,须根据实际情况判断。

根据以上视点高度、视域半径、视觉边界等规则,在各节点处,从行进方向开始,顺时针拍摄全景照片,依据现场情况绘制。

视域图形的动态变化分析方法如下。

将视域图形导入 Depthmap 软件,转译为小方格元素组成的系统。计算连接度(Connectivity),即视点能直接看到其他方格元素的数量 C_i。将 C_i 除以该视距半径圆周范围内、不考虑视线障碍物下所有元素的数量 C_0,得到相对连接度 C',表示在一定视距范围下,视点能直接看到的空间比例。表达式为:

$$C' = C_i / C_0$$

25 m 视距半径中的相对连接度为 C'_{25},100 m 视距半径中的相对连接度为 C'_{100}。

对步行路径中各点的视域相对连接度变化进行动态量化分析。定义相对连接度变化系数 K,表示在相邻两点间运动所产生对的视域变化比率,由前后两节点的相对连接度相除而得。其算法是将前后两节点的相对连接度较大者除以较小者,如后一节点数值较大,连接度变化系数为正值;反之,连接度变化系数为负值。

表达式为:

$$K = \mathrm{if}\left(C_{i+1} \geq C_i, \frac{C_{i+1}}{C_i}, -\frac{C_i}{C_{i+1}} \right) \tag{6.1}$$

25 m 视距半径中的相对连接度变化系数为 K'_{25},100 m 视距半径中的相对连接度变化系数为 K'_{100}。

视线深度(Visual step depth)是表示视线层次的参数。其算法是从选择元素出发,能直接看到的元素,记为一步深度;从一步深度的元素内,能再直接看到的记为两步深度,以此类推。视线深度越高,表明在行进过程中,空间层次性越强。这里的空间层次仅就视域而言,不表示考虑景观的类型、材质等,也简化了虚透物体的影响,与景观中传统的层次概念有所区别。

通过视线深度的图形,以定性方式将视线深度的层次性分为 5 级,分别以弱、较弱、一般、较强、强表示。深度层次性弱表示空间通透性好,一览无余;深度层次性强表示具有多个空间穿插,变化丰富。

节点视域图形绘制方法如图 6.24 所示。

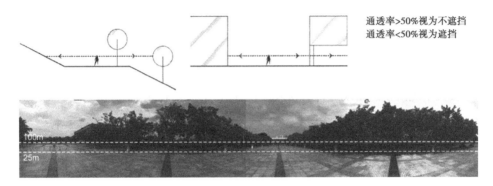

通透率>50%视为不遮挡
通透率<50%视为遮挡

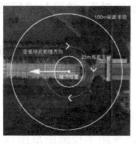  

视域图　　　　　　　视域图

(以重庆大学虎溪校区节点01为例)

图6.24　节点视域图形绘制方法

6.4.4　重庆高校校园路线视域

（1）重庆大学虎溪校区路线

重庆大学虎溪校区路线节点照片见表6.6。

表6.6　重庆大学虎溪校区路线节点照片

节点 01	节点 02	节点 03
节点 04	节点 05	节点 06
节点 07	节点 08	节点 09
节点 10	节点 11	节点 12
节点 13	节点 14	节点 15
节点 16	节点 17	

对重庆大学虎溪校区路线进行的视域变化分析，结果见表6.7。

表 6.7　25 m 视距半径下视域分析

编号	25 m 视距半径				100 m 视距半径			
	C'_{25}	K_{25}	视域图形	视线深度层次	C'_{100}	K_{100}	视域图形	视线深度层次
1	1.00	—		弱	0.82	—		弱
2	1.00	1.00		弱	0.96	1.17		弱
3	1.00	1.00		弱	0.63	−1.54		较弱
4	0.94	−1.07		弱	0.49	−1.28		较弱
5	0.99	1.05		弱	0.63	1.28		较弱
6	0.59	−1.67		较弱	0.55	−1.14		较弱
7	1.00	1.69		弱	0.81	1.46		较弱
8	0.63	−1.59		弱	0.55	−1.48		一般
9	0.67	1.07		较弱	0.39	−1.41		较弱
10	0.73	1.08		弱	0.55	1.41		一般
11	0.79	1.08		弱	0.44	−1.24		较弱
12	0.69	−1.13		弱	0.38	−1.16		弱
13	0.76	1.09		弱	0.31	−1.24		较弱
14	0.76	1.01		弱	0.21	−1.45		较弱
15	0.68	−1.12		弱	0.20	−1.05		弱

续表

编号	25 m 视距半径				100 m 视距半径			
	C'_{25}	K_{25}	视域图形	视线深度层次	C'_{100}	K_{100}	视域图形	视线深度层次
16	0.84	1.23		弱	0.42	2.08		弱
17	0.71	−1.18		弱	0.05	−9.21		弱

　　路段 1 中，C'_{25} 平均值为 0.99，表明几乎内没有视线遮挡物，空间宽敞，K_{25} 绝对值的平均值为 1.02，最小 1.00，最大 1.07，表明视域变化微小。C'_{100} 平均值为 0.73，K_{100} 绝对值的平均值为 1.33，最小 1.28，最大 1.54，表明视域变化较平稳。其中，节点 03 处在广场中央复制了重庆大学的老校门，使 C'_{100} 降低到 0.63，使视域层次性增加（图 6.25 为重庆大学虎溪校区视域分析图）。

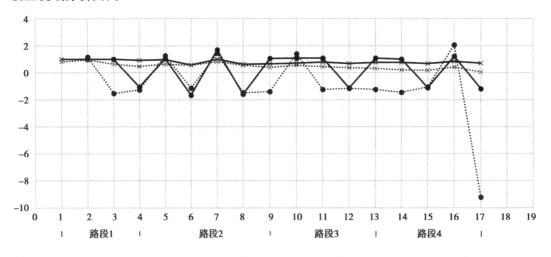

重庆大学虎溪校区视域变化折线图

— 25 m视距半径C'值　　⋯⋯ 100 m视距半径C'值
— 25 m视距半径K值　　⋯⋯ 100 m视距半径K值

图 6.25　重庆大学虎溪校区视域分析图

　　路段 2 中，C'_{25} 平均值为 0.86，在 0.59 到 1.00 间波动，K_{25} 绝对值的平均值为 1.41，最小 1.05，最大 1.69，表情视域变化较平稳。C'_{100} 的平均值为 0.58，在 0.39 到 0.81 间波动，K_{100} 绝对值的平均值为 1.35，最小 1.14，最大 1.48。K_{25} 绝对值的平均值与 K_{100} 接近，表明两视距半径下视域变化幅度相近。视域的层次性变化较弱。

　　路段 3 中，C'_{25} 平均值为 0.74，在 0.69 到 0.79 间波动，K_{25} 绝对值的平均值为 1.10，最小 1.01，最大 1.13，表明视域变化微小。C'_{100} 平均值为 0.34，在 0.31 到 0.55 间波动，K_{100} 绝对值的平均值为 1.26，最小 1.16，最大 1.41，表明视域变化较稳定。视域的层次性变化很弱。

　　路段 4 中，C'_{25} 平均值为 0.75，在 0.68 到 0.84 间波动，K_{25} 绝对值的平均值为 1.14，最

小1.01,最大1.23,表明视域变化微小;C'_{100}平均值为0.22,在0.05到0.42间波动,K_{100}绝对值的平均值为3.42,最小1.05,节点16—17为9.21,视域被植物阻隔,剧烈收缩;其余各节点间的视域变化较平稳,平均值为1.53。

整体而言,25 m视距半径与100 m视距半径中,路线视域呈"开阔—狭窄"的趋势,视域变化幅度始终较小。视域层次性变化在路线前半段时很弱,后半段稍强。视域的层次性变化较弱。

(2)四川美术学院虎溪校区路线

四川美术学院虎溪校区路线节点照片见表6.8。

表6.8 四川美术学院虎溪校区路线节点照片

 节点01	 节点02	 节点03
 节点04	 节点05	 节点06
 节点07	 节点08	 节点09
 节点10	 节点11	 节点12
 节点13	 节点14	 节点15
 节点16	 节点17	 节点18

对四川美术学院虎溪校区流线中的18个节点进行视域分析,结果见表6.9。

表6.9 25 m视距半径下视域分析

编号	25 m视距半径				100 m视距半径			
	C'_{25}	K_{25}	视域图形	视线深度层次	C'_{100}	K_{100}	视域图形	视线深度层次
1	0.63	—		较弱	0.16	—		较强
2	0.80	1.28	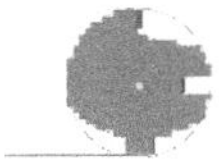	弱	0.14	−1.12		较弱

续表

编号	25 m 视距半径				100 m 视距半径			
	C'_{25}	K_{25}	视域图形	视线深度层次	C'_{100}	K_{100}	视域图形	视线深度层次
3	0.33	−2.45		较弱	0.09	−1.65		一般
4	0.49	1.51		弱	0.12	1.42		弱
5	0.20	−2.44		弱	0.04	−3.00		一般
6	0.66	3.25		弱	0.15	3.68		较弱
7	0.55	−1.20		弱	0.23	1.55		较弱
8	0.91	1.65		弱	0.25	1.11		一般
9	0.94	1.03		弱	0.28	1.10		较弱
10	0.79	−1.19		弱	0.31	1.10		较弱
11	0.61	−1.29		弱	0.18	−1.71		一般
12	0.85	1.38		弱	0.25	1.42		较弱
13	0.81	−1.05		较弱	0.24	−1.06		一般
14	0.55	−1.45		弱	0.17	−1.42		一般
15	0.94	1.69		弱	0.43	2.53		较弱
16	0.45	−2.10		弱	0.05	−8.74		较强
17	0.68	1.52		较弱	0.19	3.80		较弱

编号	25 m 视距半径				100 m 视距半径			
	C'_{25}	K_{25}	视域图形	视线深度层次	C'_{100}	K_{100}	视域图形	视线深度层次
18	0.78	1.14		较弱	0.39	2.11		一般

　　路段 1 中，C'_{25} 平均值为 0.52，在 0.20 到 0.80 间波动，变化幅度较大，K_{25} 绝对值的平均值为 2.17，最低 1.28，最高 3.25，表明相邻节点间均存在较大视域变化。C'_{100} 平均值为 0.12，在 0.04 到 0.16 间波动，表明视阈始终较小，K_{100} 绝对值平均值为 1.58，为 K_{25} 平均值的 72.8%，说明两种视距半径下的视域变化幅度有明显区别。视域层次图形表明视域的形态变化丰富（图 6.26 为四川美术学院虎溪校区视域分析图）。

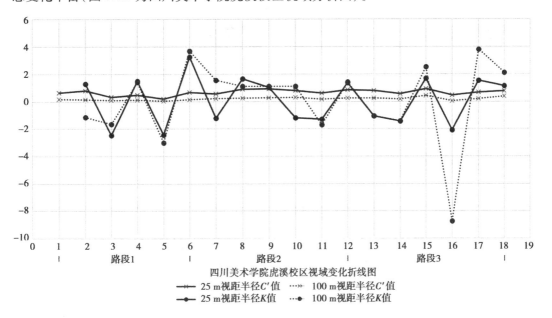

四川美术学院虎溪校区视域变化折线图

—×— 25 m视距半径C'值　　······ 100 m视距半径C'值
—●— 25 m视距半径K值　　······ 100 m视距半径K值

图 6.26　四川美术学院虎溪校区视域分析图

　　路段 2 中，C'_{25} 平均值为 0.76，较前一路段开阔，在 0.55 到 0.94 间波动，K_{25} 绝对值的平均值为 1.29，最低 1.03，最高 1.65，说明节点间视域变化幅度不大。C'_{100} 平均值为 0.25，在 0.23 到 0.31 间波动，K_{100} 绝对值的平均值为 1.33，最低 1.10，最高 1.55，与 25 m 视距半径下 K_{25} 非常接近。

　　路段 3 中，C'_{25} 平均值为 0.70，在 0.45 到 0.90 间波动，变化幅度较大，K_{25} 绝对值的平均值为 1.49，最低 1.05，最高 2.10，表明相邻节点间视域变化幅度不大。C'_{100} 平均值为 0.24，在 0.05 到 0.43 间波动，K_{100} 绝对值的平均值为 3.27，最低 1.06，最高 8.74，表明相邻节点间的视域变化非常明显。K_{100} 绝对值平均值为 K_{25} 的 219.5%，表明两种视距半径下的视域变化幅度有很大区别。视域层次图形表明视域的形态变化非常丰富。

　　整体而言，25 m 视距半径与 100 m 视域半径中，均表现出"狭窄—开阔"的趋势，视域变化表现出"明显变化—较平稳—非常明显变化"的节奏感。

（3）四川外国语大学新校区路线

四川外国语大学新校区路线节点照片见表6.10。

表6.10 四川外国语大学新校区路线节点照片

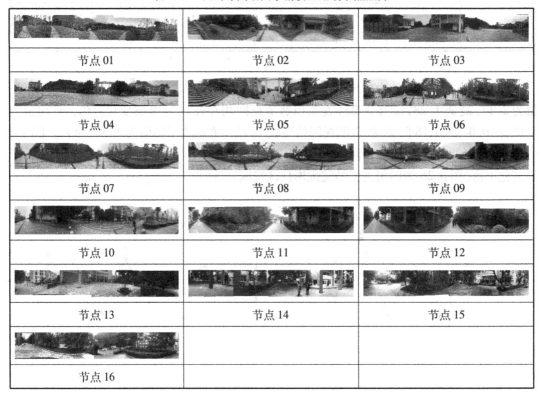

节点01	节点02	节点03
节点04	节点05	节点06
节点07	节点08	节点09
节点10	节点11	节点12
节点13	节点14	节点15
节点16		

对四川外国语大学新校区路线进行视域变化分析,结果见表6.11。

表6.11 25 m视距半径下视域分析

编号	25 m视距半径				100 m视距半径			
	C'_{25}	K_{25}	视域图形	视线深度层次	C'_{100}	K_{100}	视域图形	视线深度层次
1	0.89	—		弱	0.21	—		较弱
2	0.56	−1.57		弱	0.19	−1.07		较弱
3	0.26	−2.21		弱	0.08	−2.38		较弱
4	0.77	3.01		弱	0.21	2.62		较弱
5	0.47	−1.63		弱	0.16	−1.35		较弱

编号	25 m 视距半径				100 m 视距半径			
	C'_{25}	K_{25}	视域图形	视线深度层次	C'_{100}	K_{100}	视域图形	视线深度层次
6	0.48	1.02		弱	0.25	1.60		较弱
7	0.55	1.14		弱	0.38	1.52		弱
8	0.53	-1.04		弱	0.30	-1.26		弱
9	0.61	1.15		弱	0.37	1.22		较弱
10	0.54	-1.12		较弱	0.16	-2.26		较强
11	0.22	-2.43		较弱	0.03	-5.16		较强
12	0.18	-1.24		较弱	0.04	1.33		较强
13	0.32	1.76		弱	0.06	1.52		较强
14	0.51	1.59		弱	0.06	-1.09		一般
15	0.21	-2.40		弱	0.05	-1.14		一般
16	0.24	1.12		较弱	0.06	1.09		一般
17	0.21	-1.12		弱	0.04	-1.34		较强

路段 1 中,C'_{25} 平均值为 0.58,在 0.26 到 0.89 间波动。K_{25} 绝对值的平均值为 2.11,最低 1.56,最高 3.01,表明节点间视域有较明显的变化。C'_{100} 的平均值为 0.17,在 0.08 到 0.21 间波动。K_{100} 绝对值的平均值为 1.86,最低 1.08,最高 2.62。与 K_{25} 绝对值的平均值基本一致(图 6.27 为四川外国语大学新校区视域分析图)。

路段 2 中,C'_{25} 平均值为 0.54,在 0.48 到 0.61 间波动。K_{25} 绝对值的平均值为 1.09,最低 1.02,最高 1.15,表明节点间视域变化微弱。C'_{100} 的平均值为 0.29,在 0.08 到 0.21 间波动。K_{100} 绝对值的平均值为 1.57,最低 1.22,最高 2.26。表明视距半径 100 m 的视域变化

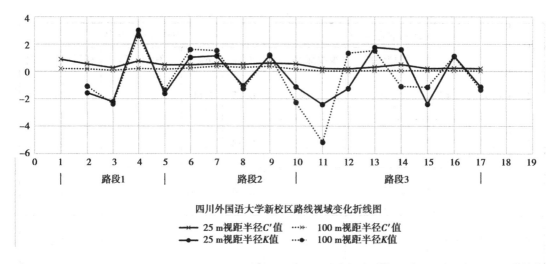

四川外国语大学新校区路线视域变化折线图

—×—25 m视距半径C'值　　······　100 m视距半径C'值
—●—25 m视距半径K值　　　······●·····　100 m视距半径K值

图6.27　四川外国语大学新校区视域分析图

较视距半径25 m的稍强。

路段3中，C'_{25}平均值为0.27，在0.18到0.51间波动。K_{25}绝对值的平均值为1.67，最低1.12，最高2.43，表明节点间视域变化微弱。C'_{100}的平均值为0.05，在0.03到0.06间波动。K_{100}绝对值的平均值为1.81，除最高的节点11为5.16外，其余节点K_{100}绝对值较低，平均值为1.25。表明节点间视域变化基本平稳。K_{100}绝对值的平均值与K_{25}基本一致。

整体而言，25 m视距半径中，视域表现出"开阔—狭窄"的趋势，100 m视距半径中，视域表现出"狭窄—开阔—狭窄"的趋势。视域变化几乎一直处于较平稳、微弱的范围。

6.4.5　视域变化与意象感知

各路线的调研结果与视域分析总结见表6.12。

表6.12　意象感知调研结果与视域分析

		意象感知调研			视域变化	
		山地自然意象	校园人文意象	山地高校综合意象	25 m视距半径	100 m视距半径
重庆大学虎溪校区	路段1	很弱	很强	较弱	宽敞，变化微小	开阔，变化微小
	路段2	较弱	较强	较强	宽敞，变化较小	较开阔，变化较小
	路段3	一般	较弱	一般	较宽敞，变化较小	较开阔，变化微小
	路段4	较强	较弱	较弱	较狭窄，变化较小	较逼仄，变化一般
	整体	一般	较强	较强	宽敞—狭窄，变化较小	开阔—逼仄，变化较小
四川美术学院虎溪校区	路段1	较强	很强	很强	较狭窄，变化较大	很逼仄，变化较大
	路段2	较强	较强	较强	较宽敞，变化较小	较逼仄，变化较小
	路段3	很强	很强	很强	较宽敞，变化很大	较逼仄，变化很大
	整体	较强	很强	很强	狭窄—宽敞，变化较大	始终逼仄，变化较大

		意象感知调研			视域变化	
		山地自然意象	校园人文意象	山地高校综合意象	25 m 视距半径	100 m 视距半径
四川外国语大学新校区	路段1	很强	较弱	较弱	较宽敞,变化较大	很逼仄,变化一般
	路段2	较强	一般	较强	较宽敞,变化微小	较逼仄,变化微小
	路段3	较强	很弱	较弱	较狭窄,变化较小	很逼仄,变化微小
	整体	较强	较弱	一般	宽敞—狭窄,变化较小	始终逼仄,变化较小

各路径的视域变化分析图与代表性节点场景对比分析如图6.28—图6.30所示。

路段1节点2

路段2节点6

路段3节点10

路段4节点16

图6.28 重庆大学虎溪校区视域变化与场景对比分析

在重庆大学虎溪校区路径调研中,整体的山地自然意象感知调研结果为较强,可能与校园地形相对平缓有关;整体的校园人文意象强烈;最能表现山地高校综合意象的是路段2和路段3。路段1中,调研结果为山地自然意象很弱,校园人文意象很强。该路段视域变化较弱,且主要由复制的老校门等建(构)筑物产生。轴线广场的形制、复制老校门等符号给予强烈的校园人文意象。路段2中,调研结果为山地自然意象较弱,校园人文意象较强。该路段视域变化较强,沿云湖畔蜿蜒,水岸、植被、建筑立面构成了主要界面。尤其是图书馆等标志性建筑形成了校园的文化性符号。路段3中,调研结果为山地自然意象很强,校园人文意象较弱。该路段视域变化一般,但视域变化主要由地形起伏产生。校园人文要素偏少,仅有石碑、荷塘等。路段4中,调研结果为山地自然意象很强,校园人文意象很弱。该路段视域变化强烈,随地形变化明显。视域变化主要由地形起伏、茂密的植物所引起。除道路尽端有一普通的休息亭外,较少有其他校园人文元素。

路段1节点5

路段2节点9

路段3节点16

图6.29 四川美术学院虎溪校区视域变化与场景对比分析

路段1节点4

路段2节点9

路段3节点15

图6.30 四川外国语大学新校区视域变化与场景对比分析

　　在四川美术学院虎溪校区路径中,整体的山地自然意象感知调研结果为很强;整体的校园人文意象感知的调研结果为很强;最能表现山地高校综合意象的是路段1和路段3。路段1中,调研结果为山地自然意象较强,校园人文意象很强。该路段视域变化较强,主要由地形、架构筑物、植物等产生。轴线广场形制、七彩梯田广场、波浪路面等形成了艺术类高校强烈的校园人文意象。路段2中,调研结果为山地意象较强,校园人文意象较强。该路段视域变化一般,主要有植物、建(构)筑物产生,地形较为平缓,油菜花田、爬山廊等是主要的校园人文符号。路段3中,调研结果为山地意象很强、校园人文意象很强。该路段视域变化强烈,主要由地形起伏、植物产生。梯田的坡地处理方式、大片的荷田、标志性的图书馆建筑等构成了田园牧歌的浪漫校园人文氛围。

　　在四川外国语大学新校区路径中,整体的山地自然意象感知调研结果为很强;整体的校园人文意象感知的调研结果为较弱;路段2对山地高校综合意象的表现稍强。路段1中,调研结果为山地自然意象很强,校园人文意象一般。该路段视域变化较强,主要由地形起伏和建构筑物产生。轴线式的路径和两侧较为整齐排列的建筑产生一定的秩序感。路段 2 中,调研结果为山地自然意象较强,校园人文意象较强。该路段视域变化较强,但主要由植物、建(构)筑物产生,地形经处理后较为平坦,西侧远处高大的歌乐山形成空间特有的界面。强烈轴线式的"景观大道"是该路段的校园人文符号,与山地环境的关系较为生硬。路段 3 中,调研结果为山地自然意象较强,校园人文意象较弱。该路段视域变化强烈,但主要由密集的建构物产生。

由以上分析可得:视域变化与山地自然意象的感知有明显的关联,通过视域变化的分析可预测步行者对山地自然意象的感知程度,但视域变化同样受到建(构)筑物、植物等因素的影响;在视域变化强烈、山地自然意象感知较强的路段,通过布置校园人文意象符号,可更好地表现山地高校步行空间的综合意象,塑造校园个性化形象;当校园人文意象符号的密切结合所处的山地环境,与地形一起引起更强烈的视域变化,能增强意象的感知。

6.4.6 视域变化分析的运用

在山地高校步行空间设计当中,可运用视域变化分析更好的表现包括山地自然意象和校园人文意象的山地高校意象。如结合山形走势,结合植物、建(构)筑物、设施等布置,控制视域变化的节奏和强度。可从近景视域、远景视域两个层次进行分析,近景视域变化程度越高,尤其是近景视域变化程度越高,对山地自然意象的表现越明显。在视域变化较强的路段,应加强校园人文元素的布置,利于山地高校独特校园形象的塑造。校园人文元素的形态应避免与山地环境生硬的关系,避免缺乏特色的常规布置方式,可共同对步行过程中的视域变化产生影响,加强步行者对山地自然和校园人文意象的共同的感知。

7 结论

步行空间是近年来学界讨论和工程实施的热点,但专门针对重庆山地高校的步行空间系统设计的理论还较为欠缺。如何系统梳理并深入研究重庆高校步行空间系统的设计方法,对该领域的理论和实践发展、创造更高品质的校园环境具有重要意义。本书通过研究建立了重庆山地高校步行空间系统的共生性设计理论研究体系,从宏观、中微观、精神三个层面对重庆山地高校步行空间系统设计中所存在的问题提出针对性策略,运用量化分析方法,拓展了对步行空间系统的理解和细化研究策略,为创造更加舒适宜人的山地高校步行空间环境贡献微薄之力。

本书研究结论主要有以下几个方面。

（1）重庆山地高校步行空间系统的发展现状调研结论

通过发展沿革的研究,得出步行空间对重庆特殊地理条件下的高校形态始终具有重要的影响,是使之区别于平原地区高校的最重要因素之一。通过对重庆地区山地高校的实地调研,按照新老校区划分,分析比较得出空间形态、可达性、人车关系、环境品质、文化意象等方面的特征。选择具有代表性的山地高校进行学生对步行空间系统的满意度调研,以统计学、语义差别法等方法取得学生对步行空间系统整体及其各相关元素的满意度和关注度。通过上述调查研究,得到重庆山地高校步行空间系统中存在的突出问题。

（2）重庆山地高校步行空间系统共生性设计的研究框架

通过解读共生性理论的概念及在社会学、规划设计领域方面的延展,并分析重庆山地高校步行空间系统自身属性,得出共生性思想与本文研究对象的契合性。运用共生性理论的研究框架,分析了重庆山地高校步行空间系统的共生环境、共生单元和共生模式构成。其中,共生环境包括自然环境、社会环境;共生单元包括自然单元、人工单元、人文单元、行为单元和步行空间系统本身;共生模式包括整体系统、系统单元、系统意象的共生模式。通过以上分析,搭建了重庆山地高校步行空间系统共生性设计的理论研究框架。

（3）重庆山地高校步行空间整体系统的共生性设计策略

通过文献归纳整理、案例列举,得到步行空间系统对不同地形的适应模式。通过山地环境中的高校校园人车分流、人车共存、人车协同的分析,取得山地高校步行空间系统的人车关系设计原则。借助运动生理学思想,提出基于步行疲劳的等效距离系数,运用公式推导、生理实验等方式,取得等效系数的计算公式,运用 Rhino、Grasshopper 软件等,编写可视化的参数化设计程序,可用于步行空间主干道可达性分析、校园公交站点合理服务范围分析等。

（4）重庆山地高校步行空间系统元素的共生性设计策略

按照景观步行空间元素和建筑步行空间元素的分类模式，得到步行空间系统元素的构成结构。根据所处的环境和功能需求，归纳分析得出各自的共生性设计策略。基于空间句法理论，运用 Depthmap 软件轴线分析，选取特定校园区域进行调研实验，实证得出步行空间系统元素间拓扑关系与学生行为的存在关联，可为不同步行空间节点的设计要点及方法选用提供科学依据。

（5）重庆山地高校步行空间系统意象的共生性设计策略

从山地自然意象和校园人文意象两方面的解读，得到重庆山地高校步行空间系统意象的内涵。通过文献搜集分析、案例分析得出山地自然意象、校园人文意象的表现策略。基于空间句法理论，运用 Depthmap 软件视域分析，选取山地高校代表性的路径，进行学生意象感知调研及视域变化的量化分析，实证得出地形起伏影响下的视域变化与意象感知存在关联，提出可运用视域变化的量化分析，融合山地自然意象与校园人文意象的步行空间系统意象设计的新方法。

参考文献

[1] 简·雅各布斯. 美国大城市的死与生[M]. 金衡山, 译. 南京: 译林出版社, 2005.

[2] 扬·盖尔. 人性化的城市[M]. 欧阳文, 徐哲文, 译. 北京: 中国建筑工业出版社, 2010.

[3] 迈克尔·哈夫. 城市与自然过程: 迈向可持续性的基础[M]. 刘海龙, 等译. 北京: 中国建筑工业出版社, 2012.

[4] B. P. 克罗基乌斯. 城市与地形[M]. 钱治国, 等译. 北京: 中国建筑工业出版社, 1982.

[5] 克莱尔·库珀·马库斯, 卡罗琳·弗朗西斯. 人性场所(第二版): 城市开放空间设计导则[M]. 俞孔坚, 等译. 北京: 中国建筑工业出版社, 2001.

[6] 王建国. 城市设计[M]. 北京: 中国建筑工业出版社, 2009.

[7] 黄光宇, 黄莉芸, 陈娜. 山地城市街道意象及景观特色塑造[J]. 山地学报, 2005, 23(1): 101-107.

[8] 雷诚, 赵万民. 山地城市步行系统规划设计理论与实践: 以重庆市主城区为例[J]. 城市规划学刊, 2008(3): 71-77.

[9] 何镜堂. 当代大学校园规划理论与设计实践[M]. 北京: 中国建筑工业出版社, 2009.

[10] 吴洪成. 宋代重庆书院与学术文化的发展[J]. 重庆社会科学, 2006(11): 79-84.

[11] 胡昭曦. 四川书院史[M]. 成都: 四川大学出版社, 2006.

[12] 樊克政. 中国书院史[M]. 台北: 文津出版社, 1995.

[13] 杨慎初. 中国书院文化与建筑[M]. 武汉: 湖北教育出版社, 2002.

[14] 欧阳桦. 重庆聚奎书院巨石园林特色及其保护利用[J]. 中国园林, 2006, 22(10): 46-50.

[15] 王笛. 跨出封闭的世界: 长江上游区域社会研究(1644—1911)[M]. 北京: 中华书局, 2001.

[16] 潘谷西. 东南大学建筑系成立七十周年纪念专集[M]. 北京: 中国建筑工业出版社, 1997.

[17] 李明忠. 论高深知识与大学的制度安排: 大学制度的合法性分析[D]. 武汉: 华中科技大学, 2008.

[18] 何镜堂. 环境·文脉·时代特色: 华南理工大学逸夫科学馆作随笔[J]. 建筑学报, 1995(10): 5-9.

[19] 尾关周二. 共生的理想: 现代交往与共生、共同的思想[M]. 卞崇道, 等译. 北京: 中央编译出版社, 1996.

［20］雷切尔·卡逊.寂静的春天［M］.吴国盛,评点.北京:科学出版社,2007.

［21］伊恩·伦诺克斯·麦克哈格.设计结合自然［M］.黄经纬,译.天津:天津大学出版社,2006.

［22］斯特凡纳·托内拉,黄春晓,陈烨.城市公共空间社会学［J］.国际城市规划,2009,24(4):40-45.

［23］黑川纪章.新共生思想［M］.覃力,译.北京:中国建筑工业出版社,2009.

［24］狄德罗.狄德罗哲学选集［M］.2版.江天骥,陈修斋,王太庆,译.北京:商务印书馆,1983.

［25］展立新,陈学飞.理性的视角:走出高等教育"适应论"的历史误区［J］.北京大学教育评论,2013,11(1):95-125.

［26］刘小强.关系论和生成进化论视野中的大学本质与属性［J］.现代大学教育,2008(4):23-27.

［27］威廉·詹·贝内特,金锵.必须恢复文化遗产应有的地位:关于高等学校人文学科的报告(续)［J］.外国教育动态,1991(6):17-21.

［28］CARMONA M,HEATH T,OC T,et al. Public places-urban spaces:the dimensions of urban design［M］. Amsterdam :Architectural ,2003.

［29］艾四林.哈贝马斯交往理论评析［J］.清华大学学报(哲学社会科学版),1995,10(3):11-18.

［30］孟牒,姚浩伟,韦飞祥,等.大学生交通安全认知现状评价与预警机制研究［J］.科技通报,2016,32(9):229-232.

［31］金键.校园交通稳静化行为意向研究［J］.交通运输系统工程与信息,2006,6(3):97-99.

［32］KARNDACHARUK A,WILSON D J,DUNN R,等.城市环境中共享(街道)空间概念演变综述［J］.城市交通,2015,(3):76-94.

［33］李允鉌.华夏意匠:中国古典建筑设计原理分析［M］.2版.天津:天津大学出版社,2014.

［34］张良,贠禄.园林建筑设计［M］.郑州:黄河水利出版社,2010.

［35］休·安德森,高强.进步的旋涡:评斯米特·哈默·拉森(SHL)的新作:西敏斯学院新教学楼［J］.建筑学报,2011(6):86-95.

［36］李树华,殷丽峰.世界屋顶花园的历史与分类［J］.中国园林,2005,21(5):57-61.

［37］崔愷,赵晓刚.重塑校园公共空间:南京艺术学院图书馆扩建［J］.城市建筑,2011(7):49-53.

［38］龚岳.大学校园部分道路指标数值的研究［J］.南方建筑,2002(3):65-67.

［39］蔡永洁.城市广场:历史脉络·发展动力·空间品质［M］.南京:东南大学出版社,2006.

［40］黄光宇,何昕.山地建筑和步行空间的共生［J］.重庆建筑大学学报,2006,28(4):17-19.

［41］约翰·S.布鲁贝克.高等教育哲学［M］.郑继伟,等译.3版.杭州:浙江教育出版

社,2002.

[42] 舒莺.重庆主城空间历史拓展演进研究[D].重庆:西南大学,2016.

[43] 路易斯·亨利·摩尔根.古代社会[M].杨东莼,马雍,马巨,译.北京:商务印书馆,1997.

[44] SNELLING J. The Sacred Mountain[M]. London:East-West Publications,1983.

[45] 克里斯多福·泰德格.古希腊:古典建筑的形成[M].吴谨嫣,译.上海:百家出版社,2001.

[46] 亨利·皮雷纳.中世纪的城市[M].陈国樑,译.2版.北京:商务印书馆,2006.

[47] 罗杰·金,等.全球化时代的大学[M].赵卫平,主译.杭州:浙江大学出版社,2008.

[48] 张红卫,蒙小英.辛辛那提大学校园景观建设的启示[J].中国园林,2012,28(2):33-36.

[49] 陈有民.园林植物与意境美[J].中国园林,1985,1(4):28-29.

[50] GIBBERD F. Landscape conservation[M]. Chichester:Packard Publishing,1980.

[51] 彭一刚.中国古典园林分析[M].北京:中国建筑工业出版社,1986.

[52] 刘滨谊.现代景观规划设计[M].3版.南京:东南大学出版社,2010.

[53] 王其亨.风水理论研究[M].天津:天津大学出版社,1992.